数据要素X
城市治理

解码广州治水的数"治"实践

周新民 郑跃平 等 / 著

国家行政学院出版社
NATIONAL ACADEMY OF GOVERNANCE PRESS

图书在版编目（CIP）数据

数据要素 × 城市治理：解码广州治水的数"治"实践 / 周新民等著 . -- 北京：国家行政学院出版社，2024. 12. -- ISBN 978-7-5150-2970-2（2025.1重印）

Ⅰ . F426.9

中国国家版本馆 CIP 数据核字第2024SL9997号

书　　名	数据要素 × 城市治理——解码广州治水的数"治"实践 SHUJU YAOSU × CHENGSHI ZHILI ——JIEMA GUANGZHOU ZHISHUI DE SHU "ZHI" SHIJIAN
作　　者	周新民　郑跃平　等著
责任编辑	陈　科　曹文娟
责任校对	许海利
责任印制	吴　霞
出版发行	国家行政学院出版社 （北京市海淀区长春桥路6号　100089）
综 合 办	（010）68928887
发 行 部	（010）68928866
经　　销	新华书店
印　　刷	中煤（北京）印务有限公司
版　　次	2024年12月第1版
印　　次	2025年1月第2次印刷
开　　本	170毫米×240毫米　16开
印　　张	17.25
字　　数	264千字
定　　价	96.00元

本书如有印装质量问题，可随时调换，联系电话：（010）68929022

本书编委会

主 任

姚汉钟

副主任

李 明　贺成伟

主 编

周新民　郑跃平

编 委（按姓氏笔画排序）

马婉琼　朱文玲　刘 特　杜晓霞　杨凯霖　杨学敏
沈振乾　林 旭　林 微　柏 啸　钟俊妹　姚 琪
高 辉　黄宇扬　梅本国　龚 阳　谢达坦

编撰成员名单（按姓氏拼音首字母排序）

曹梦冰　曹贤齐　曹雅婷　邓雅媚　邓羽茜　杜冬阳
范 勇　甘樟桂　郭润语　孔楚利　赖玺滟　李楚昭
李佳威　李景波　李媛媛　林远勤　刘佳怡　罗方瑜
罗 港　麦 桦　倪溪阳　欧阳群文　吴佳宜
谢仲寒　谢紫香　徐剑桥　徐珊铭　余敬航　张曲可
张文婷

序 一
广州数字治水的密码与启示

《数据要素×城市治理——解码广州治水的数"治"实践》一书，是广州市河涌监测中心探索河长制与数字治水的又一力作。我曾有幸为广州市河涌监测中心主任周新民等著的《数据赋能河长制》作序，也为华南师范大学政治与公共管理学院颜海娜教授的《大国治水：基于河长制的检视》作序，并多次参与他们的座谈、交流和研究，因此对相关问题较为了解。拿到这本新作，我既看到了那些熟悉的案例与观点，也发现了不少有趣的拓展和更新。

河长制是中国政府治理河湖水污染的一项重要制度创新，而数字治理则使河长制如虎添翼。如果说河长制的核心是建立和运行一套制度的话，那么数字治理则是与之相伴的数字技术及其应用。唯有实现了制度与技术的双轮驱动，才能持续推动数字治水的能力建设与效能提升。

广州市河涌监测中心毫无疑问是探索与实践河长制的关键部门，近年来不仅摸索和总结了一套数字治水的广州方案，而且将其提炼和建构为一套超大特大城市治理的理论体系。可以说，广州市河涌监测中心的领导干部和工程师是一群"实践学者"，推动了实践与理论的融合与共进。

他们求贤若渴，尊重学者的学术研究与知识创造，并孜孜不倦地汲取学术养分与知识。与此同时，他们也为学术研究提供了鲜活的案例、丰富的素材和扎实的数据，同学者共同推动实证研究与理论创新。更为重要的是，他们在实践与理论之间反复穿梭，将理论用于指导实践，并基于实践反哺和改进理论。

我所理解的中文语境中的"治理"，最早出自中国古代的大禹治水。

中国先民在同水患的不懈斗争中学会了宜疏不宜堵，也由此开启了中华治理的文化先河。水和数，一个有形有限，一个无形无限，本没有什么明显的联系。但是，治水与治数之间却有着微妙的内在联系。

复旦大学国际关系与公共事务学院的郑磊教授经常以都江堰、公道杯和莲花温碗为例，来说明数据治理可以从治水的基础设施与用水的民间器物中汲取养分。他指出，水利万物而不争，政府数据开放、公共数据授权运营和开发利用，就要上善若水和从善如流，并通过释放数据要素的潜能而创造公共价值。

数字治水意味着要将流动的水加以数字化，并通过城市治理的数字化服务于治水。就像数字孪生一样，要使实体的水可以有对应的数据沉淀与映射，如此实现治水的虚实结合。水川流不息，流而不止，也流逝而过。承载着水的数据却不会就此消亡，而是会持续积累，并通过数据治理而得以活化，为更好地治水提供数据洞见。如此来看，得益于数字治理，水的生命就有了数字的承载，水也由此得到了永生。

对治水的数字化转型并非仅限于河长制，也可以适用于城市治理的其他领域。当然，这不能是照搬照抄数字治水的"术"，而是应提炼数字治水的"道"，并结合各个具体领域和应用场景来发展新的"术"。该书基于广州治水的实践经验，提出了数据时代的技术、服务与治理的"协同三角"框架，并结合广州治水的数字化转型，对数字治理的技术、服务与路径进行了全面反思。

总体来说，该书既有对广州治水实践的扎实分析，也有对数字化转型理论的深入思考，为我们透过广州治水这扇窗口来参透数字治理提供了难得的尝试。与此同时，该书对当前数字治理实践存在的各种问题的剖析，对数字化转型的正确道路的求索，都为我们理解中国城市治理和数字治理提供了一个有益的样本。

当今中国是全球数字化的最前沿之一，让无数来到中国的外国人惊叹不已。人们的生活早已数字化、移动化和智能化，一键触达的公共服务与商业服务举不胜举。当其他国家还在要不要数字化的问题上争论不休、犹豫不决的时候，中国的政府、企业和社会已经在广泛而深度地应用最新的数字科技了。数字科技在政府部门的决策、监管和服务等方面得到了全面应用，既极大地提升了政府管理与服务的效率与效益，也催生了值得人们警惕的风险与问题。

之所以一些人对数字化谈之色变，就在于当下不少政府部门的数字化是伪数字化、假数字化乃至反数字化。2024年初，中央纪委国家监委发布《关于坚决纠治部分地方基层搞"新形象工程"问题的工作提示》，对8类"新形象工程"提出规范和纠治要求，其中就包括政府数字化带来的"新形象工程"：热衷在政府数字化建设中建巨幅大屏，搞重复建设、层层建设，"换一任领导换一个系统"，数字资源共享不足，平台使用率不高沦为"摆设"。

政府数字化中出现的上述问题并不鲜见，同数字政府建设的决策不科学不民主、项目把关不严和监督不力、预算与财政管理不到位、数据共享不足和业务协同缺失等方面有很大关系。这些打着数字化的幌子而没有真正数字化的项目，让很多人对数字政府建设留下了刻板印象，也在一定程度上制约了不少地区和部门的数字化转型。

真正意义上的数字化转型是好的，也是人人期待的。数字化转型离不开数字技术，但是技术不应居于数字化转型的中心位置。《更智慧的纽约市：城市政府部门如何创新》一书中对纽约市的智慧城市进行案例研究，指出城市治理创新不是以技术为中心的，而是以政府部门为核心的。技术同数据、制度情境、领导力与决策、网络与协同、组织结构与文化等要素一道，围绕着政府部门发挥作用。

真正意义上的数字化转型应更加强调数字化所带来的政府治理模式的转型，而且这样的转型是只有数字化才能赋能和实现的。数字化与转型不能是"两张皮"，数字化有余而转型不足，或者数字化与转型相互脱节。换句话说，数字化转型是数字化驱动的转型和转型加速的数字化，因此不应仅仅关注数字化，更不应忽视转型。

真正意义上的数字化转型是一茬接着一茬干、一任接着一任干，持续不断地永续推进，从 1.0 到 2.0 再到 3.0 的不断迭代升级。如果推倒重来和重复建设，那就只会原地踏步，甚至不进反退。唯有坚持持之以恒和久久为功，坚持不懈地重视、投入和改善数字化转型，才能得偿所愿地实现数字治理的开枝散叶和开花结果。

广州市河涌监测中心对河长制数字化转型进行的实践与探索，就是我们所希望的数字治理。这样的数字治理是问题驱动的，是和业务紧密结合的，是将数字技术作为手段来实现目的，而不是将数字化奉为圭臬和倒果为因的。这样的数字治理是为了治理而数字化，为了做好数字化而改善和创新治理，而不是为了数字化而数字化，将治理架空和悬置。这样的数字化转型是永不停歇的迭代升级，是永不满足的复盘、反思、行动和改进。

我们看到广州治水使用了大数据分析和人工智能技术，为河湖水质的预警与巡查提供了条件。但是，他们却并没有过分强调这些数字技术的高大上，而是更加关注这些技术有没有用、好用不好用、管用不管用。我们看到广州治水特别强调要让数字技术发挥应有的作用，让河长轻松巡河，让公众积极参与治水。这样的技术服务治理定位，充分反映了智慧城市应有的智慧。

我们期待有更多地区和部门可以从广州数字治水的故事中获取信心和启迪，进一步推动政府管理、服务与治理的数字化转型。与此同时，我们也期待有更多人关注河长制，关心数字化转型，在数字时代开展顶天立地的研究，讲好中国故事，发展中国理论，输出中国智慧。

是为序。

马亮

中国人民大学国家发展与战略研究院研究员、公共管理学院教授

序 二
治水和治数

近十年来，数据已经逐渐成为中国经济社会运行、城市治理当中的重要要素。但把数据和治水联系起来的话题和作品并不多见，正因如此，当中山大学政治与公共事务管理学院的郑跃平副教授把《数据要素×城市治理——解码广州治水的数"治"实践》的书稿交给我的时候，我眼前一亮，这是广州河涌监测中心和郑教授团队历时3年调查研究、共同梳理撰写的一部经验之作。

作为大数据研究的先行者，我很早就意识到，数据和水有相似之处。进入大数据时代之后，我们常把数据比喻成一股洪流，意思就是数据好比网络虚拟空间的水，是最重要的资源。一滴水的能量很小，但汇成洪流，作用就非常巨大了，甚至可以摧毁一个城市；数据也是，一条数据的价值有限，但汇成大数据，就可能成为信息时代的一座金山，价值难以衡量。同时，就像城市当中的水需要治理一样，数据多了也需要治理。中国人有重视治水的传统，历朝历代设有专门的水利管理机构，几乎每个人在孩童时期就熟知大禹治水"三过家门而不入"的故事，今天中国的各级政府，都陆续开始设立专门的数据资源管理部门，开始探索"治数"之道。

广东是全国最早关注大数据的省份。2012年，广东省委书记就批示要尽快成立专门的大数据管理局。广州这座城市也是傍水而生的，不仅有江河，也有湖海，水资源非常丰富。因此，我心目中的广州，是一个完全有基础、有能力把治水和治数的经验和故事连接起来讲述的城市。

郑跃平副教授长年致力于数字政府研究，广州市河涌监测中心承担了全广州河道、河涌的管理监督、防洪排涝的职能。这本书梳理展示了广州的水务工作者是如何以数据治理为抓手、向数据要力量、推动水务治理数字化转型的经验和故事，相信可以给全国的水务工作者提供一个参照和经验。

当下，以大数据为基础的人工智能技术正在高速发展，要把治水和治数真正有效地结合起来，我们还有很多的工作可以做，准确地说，我们目前还处于探索的初级阶段。我希望这本书总结的案例和经验，能够抛砖引玉，激发全行业开启治水和治数如何结合的思考和实践，谱写数字化时代城市治理的新篇章。

涂子沛
科技作家、数文明公司 CEO

前 言
怀德 向善

朱熹对孔子《论语》中"君子怀德"的注释是：怀德，谓存其固有之善。

以超越性的标准、高价值引领开展城市治理，就是趋于善治。

中国人民大学马亮教授在给笔者《数据赋能河长制》一书作的序言中写道：河长制为发展和检验治理理论提供了契机，数据赋能河长制积累的海量数据，与利益相关者的复杂互动，为治理理论的发展和检验提供了丰富的素材、案例。河长制的研究不应局限于水环境治理本身，而应发展更具一般性和普适性的概念和理论，并推广应用到更多国家治理领域的创新和改善。

在数据赋能河长制的持续实践中，笔者和研究团队提出了以韧性治理为目标的"技术—服务—韧性"的协同治理框架。

技术"MADE"是通过数字技术的运用，以"生产（Manufacture）—分析（Analysis）—驱动（Drive）—能效（Efficiency）"的逻辑闭环，实时准确地捕捉外部环境变化并进行自我调整，通过系统动态、数据变化捕捉物理世界的人事物状态，进行精准的、及时的、动态的分析和识别，从而做到对治理对象、治理过程的态势感知。

服务"MADE"是从被管理者的角度落实服务措施，以"提醒（Mind）—调整（Adjust）—共识（Deal）—成效（Effect）"的逻辑闭环，让被管理者达成在客观能力上"能"治、主观意愿上"愿"治，从而激发被管理者的治理源动力，达成管理者与被管理者的目标一致，降低协同成本。

从我们关心的领域来看，韧性目标着力点是要提高对冲复杂不确定性系统的返黑返臭风险防控能力、提升基层治理效能、建立维持巩固治水成效的长效保障机制。

顺势而为，我们走在了正确的方向上。

一是依靠广州治水的坚实基础。

作为超大城市的广州，在尚未全面推行河长制的2016年，就提出了理念先进、技术科学的治水思路，即控源动真格、管理上水平、工程抓进度、城中村治污攻坚、开门治水人人参与。在河长制统领下，广州治水取得了历史性成效。我们是幸运的，从一开始就深度参与这轮治水。书中提到的做法措施，与广州治水同步推进、与河长制发展同步深化，并且都得到了有效落地。

二是发挥数据要素的关键作用。

习近平总书记指出，要运用大数据提升国家治理现代化水平。要建立健全大数据辅助科学决策和社会治理的机制，推进政府管理和社会治理模式创新，实现政府决策科学化、社会治理精准化、公共服务高效化。

数据时代，数据成为重要的创新要素。公开数据显示，我国信息数据资源80%以上掌握在各级政府部门手里。实现决策科学、服务高效、监督有力的政府治理创新，数据要素是关键的"动力源"。

三是遵循社会治理的内在规律。

《"十四五"国家信息化规划》中提到，数字社会治理必须建立"用数据说话、用数据决策、用数据管理和用数据创新"的理念，实现大数据与社会治理的深度融合。

在社会治理范畴下开展治水，是全面推行河长制的本质要求。河长制是治水工作的统领机制，涉及河长领治、上下同治、部门联治、全民群治、水陆共治，只有在社会治理范畴下，才能解决治水面临的深层次根本性问题，如基层资源不足、共意匮乏、多元主体协同不力等困境。直面并有效破解基层治理困境，是全面推行河长制的必选项。

四是把握业务驱动的首要需求。

避免数字技术"炫技""悬空化"，首要是找准真问题。通过大量的调研，找准基层治理存在的难点和痛点，再选用合适成熟的技术，以被管理者视角制定措施和出台制度，才能真正解决问题，达成治理体系的韧性目标。我们前期做了大量的调研，听取基层的声音，在实践中发现、寻找科学问题，以业务驱动带动数据驱动，以需求牵引开展技术赋能。

方向大致正确，何以为能？

高价值引领的燃点，让我们基层实务部门作出了超出自身能力的事情。

一是服务创新对冲管理张力。

政府对人的管理，尤其是对公务人员如河长的管理，一定要从管控走向服务，服务是对冲管理和被管理矛盾的核心定位，服务是从"末端单纯考核"走向帮助河长提升履职意识乃至主动履职、提升履职效能的不二之路。数字化是服务的最好抓手，让河长从被动履职、被管控和考核问责压力中解脱出来，全过程增强态势感知，让河长参与"目标协同"的链条。

二是探寻协同治理的深层逻辑。

基层部门感受到强烈的外部监督，而面临的资源不足、共意匮乏是协同不力的现实困难，往往很容易被忽略。下沉资源、提升履职能力和意愿、激发全社会参与，这些措施与任何外部目标组合，都有发展的延续性和适应性，这是筑牢协同治理的内生动力和底层逻辑。

三是构建基层受益的制度体系。

下级上报的数据若不能回流赋能共享，数据更新就不可持续；技术创新要靠制度固化发挥作用，同时制度创新最终使下级受益。这很考验政府创新的精细化和治理深度。

四是推行"服务服务者"的管理价值。

对治理主体"人"的关注、上级部门"手里有硬招、心里有暖意"、不以问责为目的"有温度的管理"是可以追求的。"服务服务者"，是新时代智慧治理对传统技术治理的超越之处，也是完善治理体系提升治理能力、趋于善治的应有之义。

彼得·德鲁克说，管理的实践，不在于知而在于行。

本书是来自基层实务部门在推行河长制历时七年的实践探索，也是在实践和理论中来回穿梭的成果。针对在工作一线发现的"真问题"和基层治理困境，尝试在数据治理、公共管理、社会治理领域开展理论梳理，揭示出河长制背后的治理逻辑，探寻出破解基层治理困境的有效途径，展望了韧性数字治理的应用前景等，期望能为数字化解决城市发展痛点问题、技术创新与制度发展双轮驱动、多元主体协同共治推动城市高质量发展等提供借鉴。

目录
CONTENTS

第一章
数据时代的数字化转型与数据治理

一、技术演变：从信息时代到数据时代……………………………003

二、时代要求：坚定不移走好高质量发展之路……………………007

三、治理需要：以数据治理推动超大特大城市加快转变发展方式………021

第二章
地方政府数据治理的实践与问题

一、数据治理的实践探索与进步……………………………………031

二、数据治理的问题与挑战…………………………………………041

第三章
数据时代的治理之道：技术、服务与韧性

一、数据时代的治理理念……………………………………………051

二、数据时代的治理"协同三角"……………………………………058

三、"协同三角"的实施路径——"如何实现"………………………070

第四章
广州治水的数字化转型：基础、理念与路径

一、广州治水的基础与变革 ……………………………………………089

二、广州治水数字化转型的基础 ………………………………………095

三、广州治水数字化转型的具体实施路径 ……………………………098

第五章
广州治水的数字化转型：实践探索与应用案例

一、数据赋能实履职——差异化个性化履职 …………………………119

二、数据赋能强监管——层层收紧的监管"金字塔" …………………148

三、数据赋能优服务——河长的名师辅导班 …………………………166

四、数据赋能广支撑——从数据中挖掘业务需求 ……………………185

五、数据赋能全参与——打造"共建共治共享"的治水新格局 ………205

第六章
广州治水的数字反思

一、技术反思 ……………………………………………………………237

二、服务反思 ……………………………………………………………241

三、治理反思 ……………………………………………………………243

四、路径反思 ……………………………………………………………250

结　语　数据时代的治理之道 …………………………………………255

后　记 ……………………………………………………………………259

第一章
数据时代的数字化转型与数据治理

导语

21世纪以来，互联网及其技术发展演变经历了传统互联网、移动互联网、大数据（人工智能）三个阶段，引领人们从信息时代逐渐步入数据时代。大数据时代，数字技术蓬勃发展，与人类生活和生产活动以前所未有的广度和深度进行交互融合。作为一种新的生产要素，数据已然成为社会各领域、各组织在未来发展中的一大重要战略部署点。

近年来，数据已经成为经济社会发展的重要资源要素。"十四五"规划和2035年远景目标纲要强调，数字时代要激活数据要素潜能。数据作为核心生产要素创造巨大价值，各组织都竞相围绕数据开展数据治理。复杂多样的海量数据要求组织围绕数据的采集、存储、分析和应用等数据全生命周期，激发数据的潜能，进而推动数字技术发展、创新与应用。此外，随着数据时代的到来，数字中国建设如火如荼，我国政府积极适应数字化发展趋势，在运行、管理、服务、决策中更加重视数据，不断推进数字化转型发展。

党的二十大报告指出，高质量发展是全面建设社会主义现代化国家的首要任务。要在数据时代实现高质量发展，数字化转型是必由之路。当前数字化转型遵循需求为先的原则，在制度先导、技术嵌入、数据赋能、组织再造的共同作用下实现。数据治理是实现数字化转型的关键手段，在技术转型和治理转型两个维度的共同推进下，最终建立起由制度层、管理层、数据层及技术层构成的数据治理体系。

数据赋能则是数字化转型中数据治理的核心环节。在信息技术支撑下，数据驱动为政府治理模式创新提供了新的有力工具，推动着政务服务、政府决策和政府监管的变革，最终，政府的数据赋能在需求先导的基础上带动业务场景、战略、制度、技术等方面赋能成效再循环。

当前，国家治理面临以数据治理推动超大特大城市加快转变发展方式的需要。进入21世纪以来，我国城市化实现了历史性的跨越式发展，一批超大特大城市涌现。然而，超大特大城市也面临着人口规模化、要素集聚化和利益诉求复杂化的治理困境。因此，将数据治理作为推动超大特大城市加快转变发展方式的核心驱动力，以宜居、韧性和智慧为三大发展方向推进超大特大城市治理迫在眉睫。

一、技术演变：从信息时代到数据时代

（一）技术演变的三个阶段

近20年来，互联网信息技术更迭日新月异，引发了人类生产生活的重大变革。进入21世纪以来，互联网及其技术发展演变经历了传统互联网、移动互联网、大数据（人工智能）三个阶段，引领人们从信息时代逐渐步入数据时代。

1. 传统互联网（2000—2010年）

随着21世纪的到来，Web 2.0浪潮兴起，这一时期技术变革的主要特征是"改变媒体"。2000年10月，《中共中央关于制定国民经济和社会发展第十个五年计划的建议》明确提出，促进电信、电视、计算机三网融合，努力实现我国信息产业的跨越式发展，加速推进信息化。2006年，中国互联网协会发布《中国Web 2.0现状与趋势调查报告》，提出Web 2.0时代的互联网成为亿万大众的互联网。2008年，我国网络传播取得一大飞跃，网民数量和宽带用户数量双双成为世界第一。

传统互联网时期以互联网网站与内容流型社交网络为主要形态，突出体现传播主体个性化、传播形式交互性、传播语境超时空、表现形式多媒体化和运行方式商业化等特点。而后，互联网商业化开始渗透进社会的每一个领域，互联网巨头纷纷崛起，网络安全与网络治理的新挑战成为互联网时代的重要议题，互联网发展逐渐过渡到移动互联网时期。[1]

2. 移动互联网（2010—2015年）

随着智能手机这一移动终端的发展、普及和以宽带IP为核心技术的移动通信应用的开发，及时性信息交换和通信交流得到发展，效率大幅提

---

[1] 雷跃捷，辛欣. 网络传播概论 [M]. 北京：中国传媒大学出版社，2010：12-16.

升。根据中国互联网络信息中心跟踪发布的《第36次中国互联网络发展状况统计报告》，截至2015年6月，中国网民规模达6.68亿人，手机网民规模达5.94亿人，互联网普及率为48.8%，我国已进入移动互联网时代。

在技术上，移动互联网在传播速率、传播形式与传播渠道上取得了巨大的突破与进展。[①] 移动互联网时代越发强大的信息技术创新发展以及日益蓬勃兴旺的信息化浪潮，为后续大数据与人工智能时代的到来奠定了坚实的基础。

3. 大数据（人工智能）（2015年以来）

2015年，大数据和人工智能技术开始兴起。前者最早作为一种概念和思潮发迹于计算机领域。2007年，数据库领域先驱吉姆·格雷指出大数据将成为人类认识和理解现实复杂系统的有效途径，并提出了科学研究范式的第四范式——"数据探索"。[②] 2012年，维克托·迈尔—舍恩伯格的著作《大数据时代》提出数据分析在大数据时代适用的新模式，掀起了大数据热潮。2014年后，大数据的概念体系逐渐成型，大数据相关的技术、产品、应用和标准不断开发，大数据生态系统持续发展、完善，呈现技术—应用—治理的发展趋势和特点。

人工智能的概念最早可以追溯到1956年的达特茅斯会议，在经历多次发展与寒冬后，2006年Hinton提出"深度学习"的神经网络，人工智能开始进入技术爆发期。2015年前后，人工智能技术逐渐被广泛应用到各种场景，日渐凸显其改变世界的创造力与影响力。2016年，AlphaGo人机大战事件使其成为全球热点。人工智能成为世界科技竞争新高地，各国将其视作新一轮产业变革的发展机遇，竞相制定国家发展战略布局与规划。2019年，5G技术的出现与大规模商用化的发展，进一步推动了人工智能与大数据的技术联合，为智能物联时代奠定了坚实的基础。

---

① 钟瑛. 网络传播导论［M］. 北京：中国人民大学出版社，2012：26-30.
② 大数据：发展现状与未来趋势［EB/OL］.［2024-02-06］. http://www.npc.gov.cn/npc/c30834/201910/653fc6300310412f841c90972528be67.shtml.

（二）迈入数据时代

如今，随着人工智能、大数据、云计算、物联网等前沿技术研发的推进，量子通信、高性能计算等核心技术的创新和突破，人类正在迎来数字技术发展的新机遇，开始迈向数据时代。作为数据时代的核心生产要素，数据要素引领着人类社会向更加智能、高效、可持续的未来迈进，其价值主要体现在三个方面：一是数据地位不断提升，数据不仅是经济社会发展的重要资源要素，更是优化资源配置、提升社会治理效能的关键力量；二是数字技术的创新发展围绕数据的采集、存储、分析和应用，这种以数据为核心的技术创新模式，促进了技术的深度融合与迭代升级，给各个领域带来了前所未有的变革机遇；三是政府、社会、市场各类主体运行、管理、服务、决策更加倚重数据，数据成为政府精准施策、优化服务、提升治理能力的坚实基石。

1. 数据成为经济社会发展的重要资源要素

2017年12月，在中央政治局就"实施国家大数据战略"进行集体学习的会议上，习近平总书记提出，在互联网经济时代，数据是新的生产要素，既是基础性资源和战略性资源，也是重要生产力。这一战略洞察的深远影响，在随后的政策制定中得到了充分体现。2020年4月，中共中央、国务院发布《关于构建更加完善的要素市场化配置体制机制的意见》，首次将数据要素纳入生产要素范畴，提出加快培育数据要素市场，推进政府数据开放共享。该意见强调了数据作为基础性资源的重要性，并且为数据资源的有效配置和高效利用奠定了坚实的政策基础。

2021年，"十四五"规划和2035年远景目标纲要强调数字时代要激活数据要素潜能，充分发挥海量数据和丰富应用场景优势。"十四五"规划针对当前全球加速迈入数据时代的现实背景，深刻阐述了激活数据要素潜能、充分挖掘并利用海量数据资源及其丰富应用场景优势的紧迫性与重要性，再一次突出了数据作为推动数字经济蓬勃发展、进而实现经济社会快速发展的重要资源要素的不可或缺性。

大数据时代，数字技术蓬勃发展，与人类生活和生产活动以前所未有的广度和深度进行交互融合，数据作为数字经济时代新的生产要素，已然成为社会各领域、各组织在未来发展的一大重要战略部署点。

2. 数字技术的创新发展围绕数据的采集、存储、分析和应用

数据作为核心生产要素，创造了巨大价值，各领域都竞相围绕其开展数据治理。但同时，数据治理也面临难题与挑战。面对来源多样、类型多样、结构多样的海量数据，应围绕数据的采集、存储、分析和应用等数据全生命周期，激发数据的潜能，进而推动数字技术发展、创新与应用。

在数据采集与预处理阶段，对数据进行采集、清洗、转换以及集成。通过对来源不一、异构数据源的数据进行清洗，消除相似、重复与不一致的数据，并利用超大规模的数据集成技术加载形成数据仓库或者数据集市，为后续的数据分析和数据挖掘提供基础。

在数据存储阶段，对数据进行存储和管理。面对上层应用提出的更高需求，以更高层级的数据存储技术对应不同的访问接口和功能侧重。

在数据分析和应用阶段，面对更加复杂庞大的规模、更强调实时性的技术需求，数据分析和挖掘的技术不断同步研发，挖掘数据中蕴藏的规律和理解数据中加密的语意，并将数据中挖掘出的发现和结果进行可视化展示与应用开发。[1]

由此可见，数字技术的创新发展，紧紧围绕大数据的采集、存储、分析和应用等关键环节，加速数据互联互通与聚合应用。同时，数据在技术创新与研发的支撑下释放出巨大潜能和价值，推动大数据产业创新发展，进一步促进数字经济的蓬勃发展。

3. 政府运行、管理、服务、决策更加倚重数据

随着数据时代的到来，激发数据要素潜能成为题中应有之义。数字中国建设如火如荼，数字政府、数字社会、数字经济的浪潮相继而来，政府、社会、市场各类组织都在积极适应数字化发展趋势，以数据为核心，

---

[1] 方巍，郑玉，徐江. 大数据：概念、技术及应用研究综述［J］. 南京信息工程大学学报（自然科学版），2014，6（5）：405-419.

主动把握数字化转型的机遇，着力提升数字化发展能力。政府的各项运行、管理、服务、决策活动也围绕着数据推进，不断致力于推进数字化转型的发展。

在数字政府建设及应用中，政府将以大数据为代表的新技术作为治理工具，以数字化、网络化和智能化为核心的信息技术发展推动政府组织重构与治理模式创新，推进政务服务、政府决策和政府监管的变革。具体包括以下几个方面：在组织运作方面，政府重构组织内部结构和运作方式，打通部门壁垒，推动政府走向整体性和协同化。在政务服务方面，以群众需求为导向，提升政府服务的数字化水平，倒逼政府服务流程的优化和重构，推动政务服务走向便利化、智能化、集约化和精准化，极大提升了政府的服务效能和服务水平。在政府决策和政府监管方面，大数据等技术的应用驱动政府从经验决策向基于数据的决策转型，极大提高了政府决策的科学性；与此同时，大数据、区块链等新技术为政府提供了数字化的监管工具，助力监管效率提升。

二、时代要求：坚定不移走好高质量发展之路

（一）高质量发展是新时代全面建设社会主义现代化国家的首要任务

党的二十大报告指出，高质量发展是全面建设社会主义现代化国家的首要任务。从高速度增长转向高质量发展，既是我国经济发展的重大逻辑转换，又是党中央基于对新时代我国经济发展内在规律性的科学认识作出的一个重大战略性判断，还是新时代我国经济发展的一个重大理论创新和实践创新，具有丰富的逻辑内涵和重大现实意义。

习近平总书记强调，高质量发展，就是能够很好满足人民日益增长的美好生活需要的发展，是体现新发展理念的发展，是创新成为第一动力、

协调成为内生特点、绿色成为普遍形态、开放成为必由之路、共享成为根本目的的发展。① 乃至今后未来很长一段时期，我们都必须深刻把握新时代新要求，立足新发展阶段，坚持新发展理念，构建新发展格局，实现高质量发展，加快建设社会主义现代化国家。②

（二）数字化转型是数据时代实现高质量发展的要求

1. 数字化转型是必由之路

数字化转型是在数据时代实现高质量发展的必由之路，要更好发挥数字技术对政府治理能力的叠加倍增作用，利用互联网新技术促进政府内部横向纵向信息沟通，提高政府工作效率；激活数据要素潜能，促进政府内部管理资源整合，实现各层级、各系统、各部门的协同管理与服务。

数字化转型要求以数字化助推城乡发展和治理模式创新，全面提高运行效率和宜居度。一方面，分级分类推进新型智慧城市建设，将物联网感知设施、通信系统等纳入公共基础设施统一规划建设，推进市政公用设施、建筑等物联网应用和智能化改造；另一方面，完善城市信息模型平台和运行管理服务平台，构建城市数据资源体系，推进城市数据大脑建设。此外，利用数字孪生技术，在网络空间探索构建一个与物理世界相匹配的孪生城市，并以数字技术为基础推进城市治理智能化。③

值得一提的是，数字政府建设是推进国家高质量发展目标实现的重要途径。党的十九届四中全会明确提出，要建立健全运用互联网、大数据、人工智能等技术手段进行行政管理的制度规则，推进数字政府建设。

一是推进政府信息化能力提升，帮助政府提高信息获取的能力，以信息化手段感知社会态势、畅通沟通渠道、辅助科学决策，从而全面提升政府履职能力。

---

① 习近平. 习近平著作选读：第二卷［M］. 北京：人民出版社，2023：67.

② 权衡. 高质量发展：全面建设社会主义现代化国家的首要任务［N］. 解放日报，2022-10-31.

③ 龚维斌. 加快数字社会建设步伐（人民观察）［N］. 人民日报，2021-10-22.

二是促进政府管理网络化，通过搭建政府信息网络系统，促进政府内部管理资源整合，实现跨层级、跨地域、跨系统、跨部门、跨业务的协同管理和服务。

三是促进政府服务自动化，在政府内部横向纵向信息办公网络连通的基础上，政府效率释放，以便民服务窗口的方式，让公众足不出户即可获得政务服务。

四是推进政府服务公开化，推行政务全过程公开，加强政策解读、政民互动，及时、精准、高效回应群众的需求，保障群众知情权、参与权、表达权和监督权，增强政府公信力。

五是优化政府内部运作流程，以数字化转型倒逼政府优化调整内部的组织架构和运作方式，实现政府内部流程再造，真正打造服务型政府。[①] 由此，数字政府建设旨在借助数字技术推动政府治理能力建设，提升治理体系和治理能力的现代化水平，实现高质量发展目标。

2. 数字化转型的方向、阶段与逻辑

（1）数字化转型的方向

"十四五"规划和2035年远景目标纲要明确提出"加快数字化发展，建设数字中国"的要求，强调"加快建设数字经济、数字社会、数字政府，以数字化转型整体驱动生产方式、生活方式和治理方式变革"，这揭示了时代发展要求我们加快数字化转型进程，将数字技术与整体社会治理方式变革相结合。

数字政府成为推进服务型政府建设、政务服务一体化建设的重要抓手，对推动提升政府行政管理效能、提高政府政务服务水平、实现政府治理能力与治理水平现代化具有重要的作用。随着社会发展和技术进步，公民诉求的多元性、复杂性、差异性也显著增强，政府如何精准及时地回应公众多元需求成为推进数字政府建设的重要问题。

与此同时，全新的、更为复杂的公共治理情境出现，传统治理领域的

---

① 周文彰. 数字政府和国家治理现代化［J］. 行政管理改革 2020（2）：4-10.

问题边界不断拓展，隐私风险、数字鸿沟、数字技术监管等新问题不断涌现。由此，面对数据时代的全新治理场域和治理难题，数字技术对公共治理的价值增效逐渐显现。

面对多元的公众诉求与严峻的治理风险，政府回应的及时性与精准性成为决策的核心要求，政府可以借助数字技术及其应用的创新与发展对社会发展趋势与风险问题进行精准研判与回应。在信息技术驱动下，政府的管理和决策方式在以系统整合为基础、需求导向为理念的整体性变革下得到体系化重塑，最终实现数字化场景下部门治理范式的转型。

（2）数字化转型的三个阶段

数字化时代，随着数字技术的不断发展和数字应用的广泛普及，数字化转型的探索也在不断深入。主要聚焦于如何利用现代数字技术改变组织结构、功能、工作流程、服务提供的方式和文化，来推动数字化发展理念的变革并实现组织业务流程和治理范式的重塑。数字化转型是一个过程，具体可根据数字技术应用程度分为以下三个阶段。

第一个阶段是信息转化阶段，侧重通过数字网络实现单一部门或者单一环节的业务数据信息交换与共享。

第二个阶段是业务数字升级阶段，侧重借助数字技术改善组织整体业务流程，推进跨部门、跨业务环节、跨层级的业务集成运作和协同优化。

第三个阶段是数字治理阶段，当数字化发展到一定程度时，组织的数字化重心转向治理范式变革。一方面，大数据、人工智能等技术推动数字治理场域的拓展；另一方面，运用数字技术构建和打通组织内部与外部的价值网络，形成对数字化治理场景极具适应性的体系化组织治理范式。

（3）数字化转型的逻辑

面对数字技术带来的发展机遇与治理挑战，依托有利的制度政策环境和信息技术支持，积极推动组织再造和业务重塑，从而推动实现由业务信息数据化到部门数据治理的数字化转型。因此，数字化转型是遵循需求为先的指引，在制度先导、技术嵌入、数据赋能、组织再造的共同作用下产生的结果。

需求为先，强调以需求作为数字化发展的方向和数字化转型的指引，既是数字化转型过程中赋予技术人文温度的重要着力点，也是促进技术理性与价值理性相统一的重要关切。

在需求先行之下，制度先导成为数字化转型的依托。系统完备的制度体系与协调高效的制度环境是数字化转型的前提。制度框架的搭建为组织数字化转型提供了整体性战略导向与推进原则，从顶层设计角度帮助组织数字化转型取得综合效应与战略优势。

在制度的加持下，技术嵌入则是发展的抓手。数字技术的精准嵌入赋能组织管理、服务环节，构成数字化转型的核心驱动力。大数据和人工智能等数字技术的嵌入能够从服务体系融合、数据治理完善及管运智能化三个层面，拓展数字化应用场景，从而实现组织管理、业务服务的精准化、智慧化，实现数据的充分赋能。

数据赋能是在需求先行、制度先导与技术嵌入的支撑下对数字化场景应用的成效驱动，是数字化转型实践的成效体现。制度环境的整体适配与数字技术的智慧嵌入，共同推动着政府部门的组织再造与体系适应。

组织再造在组织自身被要求精准适应制度环境变化与数字技术应用下，形成对数字化治理场景的体系适应，推动部门组织结构走向技术支撑下扁平化与开放化的多部门整体驱动，最终实现了数字化场景下的组织治理范式转型，构建部门数字治理体系。

（三）数字化转型的关键手段——数据治理

在数据时代，时代发展需求、国家战略推动、组织内部需要以及服务对象诉求等诸多因素共同促使组织在数据驱动逻辑下进行数字化转型，而数字化转型的关键手段是数据治理。2023年发布的《数字中国建设整体布局规划》提出，要实现数据资源规模和质量加快提升，数据要素价值有效释放。数据时代，数据即"石油"，数据成为数据时代的核心生产要素与资源。数据是数字化转型的关键驱动要素，数字化转型的关键在数据治理。

对此，数字化转型可以从技术转型和治理转型两个维度来共同推进数据治理。从技术转型维度来看，随着技术研发程度的不断提高以及应用程度的日益深入，技术转型的核心从数字化渠道建设、系统开发转为数据分析及技术应用；从治理转型维度看，数字化转型中的治理转型关键在于围绕数据分析应用进行制度管理优化以及依托数据驱动治理范式转变。

数据治理的重要性源于数据的资源化和资产化，包含需求识别、标准制定、数据开放和数据安全等多个关键环节。一个完整的数据治理体系应由制度层、管理层、数据层和技术层构成。

1. 数据的资源化和资产化——从信息记录到组织资源

新一代信息技术与经济社会各领域的深度融合引发数据量的爆发式增长，使数据成为重要的战略资源。《"十四五"数字经济发展规划》提出，到2025年要初步建立数据要素市场体系，并对充分发挥数据要素价值作出重要部署。未来随着我国经济发展进入新常态，数据将在稳增长、促改革、调结构、惠民生中承担越来越重要的角色，在经济社会发展中的基础性、战略性、先导性地位也将越来越突出。

近年来，我国蕴含数据治理理念的政策文件出台对提升政府的数据治理能力和推动数据强国建设具有重要意义。2015年9月，国务院印发《促进大数据发展行动纲要》，明确要加快政府数据开放共享，推动资源整合，提升治理能力。

2017年，习近平总书记在中共中央政治局第二次集体学习时强调，要构建以数据为关键要素的数字经济，要深入实施工业互联网创新发展战略，系统推进工业互联网基础设施和数据资源管理体系建设，发挥数据的基础资源作用和创新引擎作用。[1] 随后，党的十九届四中全会提出将数据作为生产要素参与收益分配。

2020年3月，中共中央、国务院发布的《关于构建更加完善的要素市场化配置体制机制的意见》的第六条指出，要加快培育数据要素市场。

---

[1] 中共中央党史和文献研究院. 习近平关于网络强国论述摘编[M]. 北京：中央文献出版社，2021：134.

第一章
数据时代的数字化转型与数据治理

2021年,"十四五"规划和2035年远景目标纲要进一步明确提出,要激活数据要素潜能,推动数据赋能全产业链协同转型,构建城市数据资源体系,健全数据要素市场规则等。

由此可见,我国要充分发挥数据要素对其他要素效率的倍增作用,使大数据成为推动经济高质量发展的新动能。数据已然成为数据时代的关键治理资源和我国政府政策关注的重点。

2. 数据治理的关键环节与要素

2022年,《中共中央 国务院关于构建数据基础制度更好发挥数据要素作用的意见》(以下简称"数据二十条")发布,从数据产权、流通交易、收益分配、安全治理等方面构建数据基础制度,提出20条政策举措。"数据二十条"的出台,将充分发挥中国海量数据规模和丰富应用场景优势,激活数据要素潜能。

不同于以往农业经济、工业经济把土地、劳动、资本等作为生产要素,数据治理最鲜明的特点是以数据作为关键生产要素,充分释放数据要素价值,发挥好数据的基础性和支撑性关键作用。数据治理是数据时代社会发展的必然规律,更是我国把握新发展阶段的内在要求和贯彻新发展理念的关键支撑。

数据治理并非一蹴而就,在不同发展阶段包含着不同的发展要素和环节,切实推动数据治理的发展与落实,需要构建从数据采集、存储、管理、分析、应用和安全的数据治理闭环。

数据时代政府如何确定数据应用与赋能的场景需求、制定数据标准、推动数据开放与共享和保障数据安全等,不仅成为描述和刻画现代政府治理能力的重要标准,也将成为提高政府效率、回应公民需求、实现社会发展的关键所在。

(1)确定数据应用场景需求

2024年,国家数据局等17部门联合印发《"数据要素×"三年行动计划(2024—2026年)》,提出要发挥我国超大规模市场、海量数据资源、丰富应用场景等多重优势。数据是一个催化剂,在不同场景下有不同

013

的应用方式,与具体场景结合后,将带来治理模式的改变甚至整个社会的改变。

在城市管理领域,政府数据治理可以利用大数据实现智能交通、环保监测、城市规划和智能安防,例如,通过流量分析进行公交线路调整,通过大数据分析预测路段车辆拥堵时间,制定缓解交通拥堵方案;在安全隐私领域,政府可以利用大数据技术构建起强大的国家安全保障体系,抵御网络攻击和保护公民隐私;在电信行业领域,政府可以通过实时数据分析统计垃圾信息、诈骗信息,及时提醒用户等。

数据治理至关重要的前提是确定数据应用的场景需求,依据数据分析结果,科学地制定宏观政策,从而平衡各产业发展,避免产能过剩,有效利用、分配自然资源和社会资源,提高社会生产效率。数据治理给政府带来的不仅是效率提升和精细管理,更重要的是数据治国、科学管理的意识改变,而科学客观的决策将大大提升国家整体管理能力。

(2)制定数据标准:提升数据规范性和数据质量

制定数据标准(data standards)是数据治理的重要环节,也是科学使用和高效运用数据的基本规范。只有构建数据标准体系,才能切实有效地规范数据质量,为数据治理的后续环节奠定基础。数据标准是保障数据内外部使用和交换的一致性和准确性的规范性约束。

实际上,"数据标准"并非一个专有名词,而是一系列"规范性约束"的抽象。当数据标准规范不统一,在不同的业务部门、不同的时间处理相同业务的时候,都可能会由于规范不同而造成严重的数据冲突或矛盾。因此,制定数据标准对于政府提升数据规范性和数据质量、厘清数据构成、打通"数据孤岛"、加快数据流通、释放数据价值有着至关重要的作用。

一般而言,数据标准的制定具有开放性、透明性、可用性和维护性等特性。开放性是指在标准制定过程中,谁提出需求,谁负责起草,谁提供建议,谁负责决定,以及标准的权利归属等在组织范围内应当是开放的。透明性是指数据标准所涉及的标准规划、标准制定、标准发布、标准执行、标准变更、标准维护等程序应是公开透明的,所有技术讨论可供决策参考。可用性是指制定数据标准的目的是更好地使用数据，而不是单纯给数据增加约束或条件。维护性是指数据标准的维护是一个制定、测试、发布、执行、修订、永久访问的持续过程。

政府在推动制定数据标准的过程中，可遵循以上特性加强数据标准规范建设，针对数据的采集、组织、存储、处理等生命周期各环节建立完善相关标准，发挥标准化试点示范引领作用。

（3）推动开放与共享：推动数据共享、开放，释放数据要素价值

在数据时代，数据从原先仅具有符号价值逐渐发展为具备经济价值、科学价值、政治价值等诸多价值的重要资源，数据的无障碍共享和开放是实现数字政府建设目标的必要条件。《开放数据宪章》将开放数据定义为具备必要的技术和法律特性，能被任何人在任何时间和任何地点进行自由使用、再利用和分发的电子数据。其中突出强调两个核心因素：一是数据，即原始的、未经处理并允许自由利用的数据；二是开放，即技术上的开放和法律上的开放。

近年来，数据开放与共享的重要性及数据应用与服务高阶应用的潜在价值日趋显现。国家也在战略层面对数据共享开放作出明确部署。我国在2015年的《促进大数据发展行动纲要》中明确提出"推动政府数据开放共享"整体要求，明确政务信息应"以共享为原则，不共享为例外"，将形成公共数据资源合理适度开放共享的法规制度和政策体系作为中长期目标。2022年，《全国一体化政务大数据体系建设指南》出台，要求各地区各部门要加强数据汇聚融合、共享开放和开发利用，促进数据依法有序流动。同年，国务院办公厅印发《要素市场化配置综合改革试点总体方案》，强调完善公共数据开放共享机制、建立健全数据流通交易规则。

（4）保障数据安全：从认知、技术、治理三个维度来保障数据安全

数据治理需要最大化地释放数据本身的价值，但政府数据中包含众多敏感数据，一旦被泄露、破坏或遭到篡改将带来严重的后果。因此，政府数据开放共享必须充分考虑其安全保障问题。具体而言，可以从认知、技术、治理三个维度上切实有效地保障数据安全。

在认知上，通过媒体宣传增强公民对数据保护的重要性和紧迫性的认识，普及和深化用户个人信息保护意识。通过公益性培训活动传播相关技术原理和应对措施，提升用户信息保护能力。健全用户投诉举报机制，快速响应并有效解决用户投诉问题。

在技术上，加快大数据环境下网络安全技术手段突破，建设数据安全信息汇聚共享和关联分析平台，促进数据安全相关数据融合和资源合理分配，提升重大安全事件应急处理能力。研发大数据中心安全防护技术，建立并完善安全技术框架、安全标准及其测评体系，着重考虑安全递交、安全存储、安全共享与访问、安全更新和安全销毁等阶段，以保证数据从产生到消亡的全生命周期安全。

在治理上，构建保障数据安全的全流程治理体系。数据治理是系统性工程，数据安全保障不能停留在单纯的某一链条或环节中，需要从多方位入手，分层次多维度地构建数据治理体系，从治理的源头出发，在数据流通全流程中进行全方位的治理与防控，循序渐进地培育数据要素生态。在数据流通的各个环节中加强政府数据的治理，让常态化治理成为常态业务，让数据真正安全有效地流转起来，从根本上解决威胁数据安全的各种问题。

3. 数据治理体系的构成

（1）制度层：战略定位、行动指南与社会规范

完善的制度体系是促进构成数据治理体系的前提与基础，其中，既包括法律层面的信息安全法、隐私保护法等，也包括政府数据治理运行各环节的相关政策。数据时代要求政府构建动态调整、不断优化，并与现实土壤相契合的数据治理体系。

在战略定位上，国家要从治理实践过程中的问题和缺陷出发，针对数据治理问题进行全局性的统筹规划，系统分析问题，全面深入研究，并且广泛征集意见，寻求民意，真正从国家的高度弥补制度缺陷，实现政府数据治理有理有据，有章可循，做到技术和制度的双重保障。

在行动指南上，政府要在国家战略的指引下，增强各级政府对数据治

理的制度供给，结合地方数据治理特色有针对性地改善各自制度缺陷，进一步完善已有的数据治理制度，各级政府还要加强制度的宣传和普及，让制度真正发挥作用。

在社会规范上，社会组织和主体寻找契合点与政府制度建设接轨，积极为政府制度建设出谋划策，集思广益，社会精英带动制度学习的深入，推动制度深入人心，并起到作用。同时，要注重数据治理体系建设的完整性，形成覆盖政府数据流程、前后环节呼应、内容衔接紧密的一体化制度体系。

（2）管理层：内部管理与外部协同

数据管理是落实数据治理的关键步骤，通过数字化管理推进治理体系和治理能力的现代化，将是未来的一个无法回避的趋势。

从内部管理来看，政府部门应具备数据治理的意识和思维，这是正确运用数据进行治理的前提。同时，应形成与数据治理相适应的组织架构，包括专门负责政府数据资源的组织领导体系、决策机构以及数据管理执行机构。为保证数据治理的成效，在具体的落实过程中，还需要充分的资源配置制度合理分配人力财力投入，让海量、动态、多样的数据有效集成为有价值的信息资源，从而使数据治理实效的管理真正落到实处。

在外部协同上，进一步建立跨部门领导体系，形成开放式的数据治理协作机制。数据时代下各种类型的数据不断积累，要求数字政府加快跨部门、跨行业、跨平台、跨系统的数据融合，为数据治理与管理增强可触及性，推动打破共享和协同之间的壁垒，有助于使政府所管理的数据资料更加全面，为推动政府治理提高效率和节约成本带来机遇，进而加快推动政府转变管理理念，推进治理体系与治理能力现代化。

（3）数据层：数据精细化管理与分析应用

数据治理覆盖数据的整个生命周期，而长期以来，政府业务部门拥有的数据体量庞大、规模不断增加，跨部门的业务数据需求也越来越明显，这逐渐提高了对政府数据治理在数据采集、分析与应用等方面的精细化管理要求。

数据精细化管理与分析应用是政府依托现代科学技术和管理模式进行社会治理的理论实践与创新，需要政府利用大数据、云计算等技术手段，基于高质量的数据进行建模、分析、决策和创新。需要促进各部门和各区专用网络和信息系统的整合融合，联合法律、政治、经济、行政、文化、教育等多领域多部门，理顺权责关系，借助法律、行政、教育、宣传等多种手段，了解公众诉求、精准决策、提升效率，形成活泼有序的数据治理合力，使管理实践由粗放向精细转变，推动数据分析为治理应用实践赋能。

总而言之，政府数据精细化管理是一项系统性工程，大到数据平台的搭建、组织的变革、政策的制定、流程的重组，小到元数据的管理、公共数据集的整合、各种类型数据的个性化治理和数据的智慧分析应用。数据治理体系的建设，需重视数据精细化管理体系的分层次、多维度、分阶段推进。

（4）技术层：基础设施、技术工具与人才培养

数据基础设施、技术、工具和人才是数据治理体系建设的重要支撑。

首先，要具备相应的基础设施，包括保证数据存储、备份与安全的硬件设施，以及共商共建、统一分享的数据承载平台等软件设施。加强顶层设计、长远规划、试点先行、创新引领和分步实施，推动传统基础设施向数字基础设施转型，夯实我国数据基础设施建设。

其次，为保障工作的正常运行，需要使用一系列的数据技术与工具，具体包括数据跟踪、监测、收集、分析、挖掘和评估的工具与技术。加强核心数据技术研发，打造高质量数据工具，把国内优势技术力量凝聚起来形成合力，支持海量多源异构数据的存储、管理、开源技术等大数据关键技术及工具研发，并以实践为基础，逐步形成完整的大数据技术和工具体系。

在数据管理各环节中，高素质的数据人才培养是数据治理体系的一个重要构成要素。政府应将数据思维和意识融入人才队伍的建设，加快数字人才的培养和引进，促进多元化人才模式的形成。人才能够为数据治理体

系提供源源不断的动力支持，充分挖掘数据技术人才在促进数据共享、优化业务流程、降低运营成本、提升协同效率等方面的创造性，培育数据技术人才是社会生产力不断向前发展的必然要求。

总之，在加速政府数字化转型、释放数据价值和构建数据治理体系的建设过程中，既要抓好数据基础设施的建设，也要强调技术与工具的研究探索，在此过程中，以建设辅助技术开发，以技术发展反哺人才培养，以人才培养加快设施和技术的创新，从而形成螺旋式上升的良性迭代，持续推动数据治理体系的不断完善和发展。

（四）数据治理的核心要义——数据赋能

1. 盘活数据赋能治理

数据治理是数字化转型的关键手段，现阶段数据治理的价值主要体现在数据驱动业务，即将数据这一新型生产要素作为发展驱动力，赋能业务场景、需求、治理能力发生变化。组织运用数据、分析数据对现实业务实现全面支撑，充分体现了数据价值，通过协同推进传统业务数字化升级与数字新业务的培育壮大，从而实现创新驱动与业务形态的转型。

如果将数据比作血液，业务比作肌肉，那么数据赋能业务的过程则好比血液为肌肉输送氧气、赋予动能。组织通过数字化转型使自身实际业务流程与虚拟业务数据进行"数据镜像"，将业务过程都以数据化的形式建立联系，并且通过线下业务数据线上化的"静态数智化"与数据新业务的线上实时办理的"动态数智化"，推动数据赋能业务场景。其间，业务流程不断产生新的数据，更新数据流；数据流通过洞察联系、优化决策、优化流程，不断提升组织效率，赋能业务流。由此，二者共同实现数据流与业务流相互融合、相辅相成。

在此基础上，业务流与数据流的高度融合，将进一步对业务进行赋能。一方面，业务数据可以覆盖业务需求，在数据采集与分析中更为精确地锁定业务对象的需求。在海量的数据中，通过对业务的日活跃用户数据分析能够探索出清晰的用户日益动态化和个性化的业务场景需求，可以进一步优化与改进可度量、可实现的业务目标，并且在有效的资源配置下，促进组织需求的满足和目标的实现。另一方面，数据仍作为价值创造的主体，增强组织内部产品创新能力、数字化研发能力、生产运营管控能力等价值创造能力，实现组织资源利用水平以及组织管理能力的提升。

在上述基础上，数据从数据科学的角度重塑生产机理，其作为知识经验和技能的新载体，以数字化转型的方式推动基于数据模型的知识共享和技能赋能，提升组织生态的开放合作与协同创新能力，提高社会资源的综合开发潜力。最终，组织在数字化转型中充分释放数据的潜能，推动组织内部协调、组织业务的全面发展与创新，以及组织生态的开发合作，从而实现数字创新驱动下业务形态的转型。

此外，对于公共部门而言，因其承担对公众的责任，故在现实的组织运作中，除业务流与数据流两端外，服务也参与到这个数字治理的相互作用过程中，形成三角式互动的运行逻辑。

2. 数据赋能是数据治理的核心环节及体现

数据赋能是政府数字化转型中数字治理的核心环节，在信息技术支撑下，数据赋能为政府治理模式创新提供了新的有力工具，[①]推动政务服务、政府决策和监管的变革，政府的数据赋能在需求先导的基础上带动业务场景、战略、制度、技术等方面赋能成效再循环，最终实现数据赋能。

在政务服务方面，随着社会进步与发展，公众对政府提出了更为多元性、复杂性、差异性的需求，政府部门也在国家战略需求与公民诉求的基础上要求进行组织的自我改革。一方面，政府在内部进行服务流程再造和管理机制重塑，提升内部协调性，提高政府政务资源整合；另一方面，在政府对外服务上，驱动服务渠道走向数字化和智能化，促进政府各部门各层级的数据融合和服务整合，实现政务服务全流程一体化，"数据多跑路、群众少跑路"，以数据赋能政务服务。

在政府决策方面，数字技术为政府提供了新的决策与监管工具，驱动

---

① 周民，贾一苇. 推进"互联网+政务服务"，创新政府服务与管理模式［J］. 电子政务 2010（6）：73-79.

政府从经验决策向数据决策转变。在决策层面，政府通过对海量政务数据进行采集和挖掘，精准识别公众的问题与需求，深入理解治理场景，提高决策的科学性。同时，数据的实时分析预测以及提前预警功能进一步提升了政府决策的时效性与灵活性。

在政府监管方面，在数据驱动下以数字监管实现政府监管全面化与精准化，更加准确、及时、深入地把握多元诉求，预测研判社会发展趋势及潜在社会风险，从而实现数据可分析、风险可预警、监管可联动。

由此可见，在政府部门的数字化转型过程中，数据赋能推动数字政府建设走向了高效与协同。在政府效率层面，大数据与智能技术的应用推进政府重塑业务流程、精简行政环节，提升政府效率；在组织结构层面，数据驱动下的政府的组织结构趋于扁平化、开放化与网络化，促进了政府内部各部门各层级之间的互联互通，同时也促使政府部门与公民、企业、社会走向多元协同治理。

三、治理需要：以数据治理推动超大特大城市加快转变发展方式

（一）超大特大城市的发展方向与治理困境

1. 超大特大城市治理的发展方向：宜居韧性智慧

随着我国社会主要矛盾转化为人民日益增长的美好生活需要和不平衡不充分的发展之间的矛盾，城市居民对优质公共服务、生态环境、健康安全等方面需求更为迫切。习近平总书记在党的二十大报告中强调，坚持人民城市人民建、人民城市为人民，提高城市规划、建设、治理水平，加快转变超大特大城市发展方式，实施城市更新行动，加强城市基础设施建设，打造宜居、韧性、智慧城市。

超大特大城市在经济社会发展中发挥着动力源和增长极的作用，推

动其加快转变发展方式，在党和国家工作全局中具有举足轻重的地位。其一，加快转变超大特大城市发展方式是全面建设社会主义现代化国家、构建新发展格局、推进新型城镇化、更好满足人民对美好生活向往的必然要求。其二，超大特大城市必须加快转变发展方式，率先探索中国式城市现代化，在推进中国式现代化、全面建设社会主义现代化国家中发挥标杆引领作用，更好发挥中心城市的节点链接作用，为构建新发展格局作出更大贡献。其三，只有推动超大特大城市发展方式由规模扩张向内涵提升转变，才能更好构建以城市群为主体形态、大中小城市和小城镇协调发展的城镇化格局。

宜居、韧性、智慧正是推进超大特大城市治理的三个重要发展方向。这是以习近平同志为核心的党中央深刻把握城市发展规律，对新时代新阶段城市工作作出的重大战略部署。

打造宜居、韧性、智慧城市是践行人民城市理念的必然要求。其有利于增强城市的整体性、系统性、宜居性、包容性和生长性，不断满足人民群众对美好生活的需要，让人民群众在城市生活得更方便、更舒心、更美好。

打造宜居、韧性、智慧城市是全面建设社会主义现代化国家的基础支撑。其有利于将城市建设成为人民群众生活的美好家园、经济发展的重要引擎、科技创新的重要高地，为经济社会高质量发展提供坚实空间支撑，更好推进以人为核心的新型城镇化。

打造宜居、韧性、智慧城市是统筹发展和安全的重大举措。其有利于统筹城市发展的经济需要、生活需要、生态需要、安全需要，建立高质量的城市生态系统和安全系统，提高城市全生命周期的风险防控能力。

打造宜居、韧性、智慧城市是加快转变城市发展方式的有效路径。其有利于更好地认识、尊重和顺应城市发展规律，推动城市从粗放型外延式发展向集约型内涵式发展转变，从源头上促进经济发展方式转变。[1]

---

[1] 王蒙徽. 打造宜居韧性智慧城市[N]. 人民日报，2022-12-19.

2. 超大特大城市的治理困境

进入21世纪以来，我国城市化实现了历史性的跨越式发展，在城镇化进程加速，一批超大特大城市涌现。

根据第七次全国人口普查统计，市区人口在1000万以上的超大型城市有北京、上海、天津、重庆、广州、深圳和成都7个，人口在500万以上1000万以下的特大型城市有武汉、成都、杭州、南京、郑州、西安、济南、沈阳、青岛、东莞、长沙、哈尔滨、昆明和大连14个。若根据市域人口统计，超过500万的城市已有91个，人口超1000万的城市有18个。

这些超大特大城市的人口规模和经济体量巨大，对中国的社会经济发展具有日益重要的引领作用和标志作用。以特大型城市为例，按城区人口统计，2020年，特大型城市总人口约21043万人，占当年全国总人口的14.6%；总产值33.35万亿元，占当年全国GDP的32.9%；当年全国人均GDP为70216元，特大型城市的人均GDP为158500元。不难发现，特大型城市具有无可比拟的巨大规模经济效应和难以抵挡的人口聚集效应，是国家现代化进程的强大引擎。[1]

然而，超大特大城市也面临着人口规模化、要素集聚化和利益诉求复杂化的治理困境。如果超大特大城市无法有效应对城市治理的各种风险，其结果将是灾难性的。各种各样的"城市病"在特大型城市中尤其突出，国家在城镇化中和城市在现代化进程中所面临的各种挑战在特大型城市中也最为明显。城市规模越大，其复杂性、风险性、脆弱性和不确定性也越大。特大型城市在公共治理方面存在的主要问题集中体现在以下几个方面。

一是共同面临着典型的"城市病"，例如人口规模膨胀、生态环境恶化、公共交通拥堵、自然资源短缺、公共服务不完善、城市居民老龄化严重等。

二是在城区面积的迅速扩张中产生的一系列城乡融合发展问题，如同

---

[1] 孙颖. 俞可平深圳最新演讲：特大型城市"城市病"突出，八大治理难题需破解[EB/OL].[2024-02-06]. https://baijiahao.baidu.com/s?id=1738574776332269097&wfr=spider&for=pc.

一城市中的城乡双规制、土地征用和房屋拆迁、"城中村"现象、"三无居民"等。

三是城市规划的问题如空间布局不合理、职业区与居住区分离率过高、城市功能定位模糊等问题。

四是外来民工的问题，如流动人口居高不下、新老城市居民之间的各种矛盾、户籍制度所导致的居民权利不平等和身份歧视、外来民工子女的就学问题等。

五是生态化转型和可持续发展的问题，如环境结构性矛盾突出，城市规模的承载力匹配失衡、生态文明制度体系不完善等。

六是应急管理体系不完善，面临重大公共突发事件时，城市的应对能力不强。

超大特大城市不仅对国家的经济发展和城市化进程具有战略引领作用，其对全国治理现代化也有典型意义。因此，以数据治理推动超大特大城市加快转变发展方式迫在眉睫。

（二）数据治理是实现超大特大城市治理目标的核心驱动力

聚焦创造高品质生活，要求以数据治理着力推进新型超大特大城市建设。牢牢把握城市生命体、有机体特征，落实习近平生态文明思想，坚持总体国家安全观，打造宜居、韧性、智慧城市。[①]

首先，超大特大城市拥有庞大的数据量和多样化的数据来源。数据治理可以帮助整合和统一这些数据，建立数据标准和规范，使各部门和机构能够共享数据资源。通过数据整合和共享，实现数据要素跨界流动，可以充分发挥各领域数据在政府治理、经济发展和社会运行中的价值，[②]提高城市治理的效率和准确性，避免"数据孤岛"和信息壁垒，为城市宜居、韧

---

① 龚正. 加快转变超大特大城市发展方式（认真学习宣传贯彻党的二十大精神）[N]. 人民日报，2022-12-16.

② 张会平，马太平. 城市全面数字化转型中数据要素跨界流动：四种模式、推进逻辑与创新路径[J]. 电子政务，2022（5）：56-68.

性和智慧建设奠定基础[①]。

其次，超大特大城市庞大的规模数据中包含着丰富的信息。利用大数据分析和挖掘技术，能够从海量的数据中提取有价值的信息，精确把握城市治理中复杂的人际交互和数据连接，发现城市的问题和潜在风险，帮助政府部门作出科学决策，形成一个以数据价值为核心的新型治理体系[②]。

最后，在超大特大城市的管理和决策中需要考虑多个因素和复杂的关联性。技术进步与创新导致社会形态越来越呈现复杂多变的流体特性[③]，数据治理可以建立智能决策系统，利用数据分析和建模技术，进行预测和模拟，为政府部门提供智能分析结果，以优化城市资源配置等，提升城市管理者的决策水平、提升协同创新能力、优化公共服务能力[④]，进而提高城市治理的效率和质量。

此外，超大特大城市往往人口庞杂、群众服务需求量大，在城市日常运作和政府治理过程中涉及大量的个人隐私和敏感信息。通过数据治理建立数据安全策略和控制机制，可以保护数据的安全和隐私，并增强城市居民对政府和城市的信任，打造稳定有序的社会环境和清净安全的网络环境[⑤]，提高居民幸福感的同时有力增强城市宜居性。

1. 数据治理助力打造宜居城市

宜居城市更加注重舒适与便利。城市建设必须把让人民宜居安居放在首位，把最好的资源留给人民。要完善公共服务体系，提高就业、教育、医疗、养老、托幼等服务能力，提升普惠、均衡、优质服务水平，推进基

---

① 宋蕾. 智能与韧性是否兼容？：智慧城市建设的韧性评价和发展路径[J]. 社会科学, 2020（3）：21-32.

② 锁利铭, 冯小东. 数据驱动的城市精细化治理：特征、要素与系统耦合[J]. 公共管理学报, 2018, 15（4）：17-26, 150.

③ Song G, Cornford T.Mobile Government: Towards a Service Paradigml [A]. Proceedings of the 2nd InternationalConference on e-Government, University of Pittsburgh, USA.2006：208-218.

④ 宋刚, 张楠, 朱慧. 城市管理复杂性与基于大数据的应对策略研究[J]. 城市发展研究, 2014, 21（8）：95-102.

⑤ 顾丽梅, 李欢欢, 张扬. 城市数字化转型的挑战与优化路径研究：以上海市为例[J]. 西安交通大学学报（社会科学版）, 2022, 42（3）：41-50.

本公共服务常住人口全覆盖。

在打造宜居城市的过程中，数据治理能够从各个方面发挥重要的作用，如推动基础设施规划和优化、环境保护和改善、社会服务和公共安全、城市管理和决策支持等方面，为城市的可持续发展和居民的生活质量提供有力支持。

在基础设施规划和优化方面，收集、整合和分析城市各方面数据能够为城市基础设施的规划和优化提供科学依据。政府部门可以有效掌握城市交通流量、水质监测、能源消耗等基础设施的状况和需求，进行合理的规划和优化。

在数据治理模式下，基于对城市数据的收集、分析和应用，政府能实时监测和管理环境状况、噪声、空气质量等，及时发现环境问题，并采取相应的措施进行改善。同时优化资源利用，减少能源消耗和环境污染，推动城市的可持续发展。

通过整合和分析各类社会数据，如人口统计、社会保障、公共安全等，可以更好地了解市民的需求和问题，提供个性化的服务。

此外，数据治理可以支持城市的公共安全管理，通过监控数据和预警系统，及时发现和应对安全风险。

2. 数据治理助力打造韧性城市

韧性城市更加注重安全灵敏。超大特大城市各类要素高度聚集，各类风险隐患防范压力更大，必须坚持"四早五最"（早发现、早研判、早预警、早处置，努力在最低层级、用最短时间、花相对最小的成本、解决最大的关键问题、争取综合效益最佳）保障城市安全有序运转和人民生命健康、财产安全。要在增强防灾减灾能力上下功夫，聚焦城市抗震、防洪、排涝、消防、安全生产、城市"生命线"等领域，持续提升风险隐患排查、预测预报预警、应急指挥救援等能力和水平。

在城市规模不断扩大，面临的风险日益增多的背景下，传统治理方式和手段难以适应韧性城市的建设要求，需要运用数字化技术，以数据治理助力打造韧性城市。数据治理可以帮助政府更好地了解和预测城市运行情况，为城市的可持续发展提供有力支持。通过对各种城市数据的收集和分析，能够精准掌握城市交通、环境、人口流动情况等。同时，在数据分析的基础上，能够进一步建立起预测模型，对城市未来的发展趋势进行预测，为城市规划和决策提供科学依据。

此外，数据治理能够有效提升城市应急响应和灾害管理能力。当城市发生突发事件或自然灾害时，在数据治理模式下，政府部门将及时获取和分析相关数据，进行应急响应和灾害管理。在城市运行过程中，每时每刻都在产生大量数据，对其进行有效应用能够帮助城市提高资源利用效率。在数据治理模式下，对城市各类资源的数据进行收集和分析可以更好地了解资源的供需情况，并进行合理调配。

3. 数据治理助力打造智慧城市

智慧城市更加注重智慧高效。推进城市数字化转型，让城市变得更智慧是建设新型超大特大城市的重要内涵和牵引力量。

一方面，加强新型基础设施建设，加快建设高速泛在、天地一体、云网融合、智能敏捷、绿色低碳、安全可控的智能化综合性数字信息基础设施，提升电力、交通等基础设施的智能化水平；另一方面，加强应用场景建设，推行城市数据一网通用、政务服务一网通办、城市运行一网统管、公共服务一网通享，发展远程办公、远程教育、远程医疗、智慧出行、智慧社区，构筑美好数字生活新图景。

智慧城市的建设离不开数据支撑，数据是利用信息技术和互联网思维提升城市管理和服务水平的基础，数据治理是打造智慧城市的核心。在数据治理模式下，政府部门能够获取城市人口、交通、环境等各个方面的高质量数据，并能确保数据的准确性、完整性和一致性，进一步保证城市管理和建设的可靠性和科学性。在数据赋能下，建立数据质量评估和数据价值评估体系，使政府的决策能力大幅提高，帮助其作出更准确、更有效的决策，实现数据资源的更高效配置和利用，不断向智慧城市迈进。

第二章
地方政府数据治理的实践与问题

导语

近年来,数据治理这一概念得到不断强调。在应然层面上,数据治理的前沿理念与认知不断优化,已经有不少学者对这一概念进行补充和拓展,人们对数据要素愈加重视,对数据治理的认知也不断丰富;在实然层面上,国家战略与政府治理转型的需求使数据治理成为重要的创新领域,各地政府已经开展了卓有成效的数据治理实践。技术的迭代发展、理念的创新为数据治理提供了实践基础,国家的战略方针、政府的转型需求则为数据治理提供了机遇环境。

数据治理的实践探索也促使数据治理体系不断完善。在上海,城市最小管理单元数据治理成为精细化基层管理的有效方式;在杭州,全域化数据治理使数据深入每一个角落、影响每一个家庭、惠及每一个市民;在广州,全方位一体化数据治理成为打破"数据孤岛"的重要抓手,有利于数据整合与体系化……各地开展的形形色色的数据治理实践,呈现以中微观层次为主体、以治理辅助理念转变、以技术作为抓手、以制度调控完善为目的的特征。

然而,地方政府的数据治理实践仍然面临着问题与挑战。主要表现为以下几个方面:认知不清晰,对大数据、数据治理存在片面认知与误解;体系不完整,在制度、管理、权责分配、标准规范等层面均存在问题;路径不清晰,技术先行而管理滞后,尚未厘清数据治理的场景需求和思路;保障不充分,机制不健全、缺乏专业人员和专门部门,难以形成完善的保障体系；风险难应对，面对社会治理风险、数据管理风险、平台运营风险、数据偏移风险等没有做好准备。

政府部门只有厘清概念、了解现状、熟悉问题、应对挑战、把握机遇，才能够真正地将数据治理融入自身的治理体系，才能以"智"提"治"，实现治理体系与治理能力的现代化。

一、数据治理的实践探索与进步

（一）数据治理的前沿理念与认知提升

数据治理是什么？国内外学者基于不同的学科基础进行了大量的理论研究。在广义上，国际数据管理协会（DAMA）认为数据治理包括数据构建、数据建模和设计、数据存储与操作、数据安全、数据集成与互操作、文档与内容、数据仓储与商业智能、元数据、数据质量。[1] 国际数据治理研究所（DGI）则认为数据治理是数据相关事项作出决策的工作。[2]

在狭义上，数据治理是与信息相关过程的决策权与问责制度体系，根据商定的模型执行，确定谁能够对什么信息采取什么措施，以及什么时候，在什么样的情况下使用什么方法。阿里研究院认为"数据治理"即建立在数据存储、访问、验证、保护和使用之上的一系列程序、标准、角色和指标，以期通过持续的评估、指导和监督确保富有成效且高效的数据利用，促进跨组织协作和结构化决策，为企业创造价值。[3]

相关学者也对数据治理的概念进行了界定，张康之[4]认为数据治理包含双重内涵：一是依数据的治理；二是对数据的治理。黄璜[5]指出政府数据治理"不仅是政府机构内部数据的治理，更是政府为履行社会公共事

---

[1] DAMA International. The DAMA Guide to the Data Management Body of Knowledge（DMBoK）[Z]. Technics Publications，2017.

[2] Data Governance Institute. Definitions of Data Governance [EB/OL]. [2024-02-01]. https://datagovernance.com/the-data-governance-basics/definitions-of-data-governance/.

[3] 毕马威，阿里研究院. 数据大治理[R/OL]. [2024-02-01]. https://kpmg.com/cn/zh/home/insights/2020/07/data-governance.html.

[4] 张康之. 数据治理：认识与建构的向度[J]. 电子政务，2018（1）：2-13.

[5] 黄璜. 对"数据流动"的治理：论政府数据治理的理论嬗变与框架[J]. 南京社会科学，2018（2）：53-62.

务治理职能，对自身、市场和社会中的数据资源和数据行为的治理"。尧淦和夏志杰[1]认为数据治理并非技术应用和方式程序，而是一套策略、组织、标准、指南的制度体系。夏义堃[2]认为数据治理是确保数据在有效管理与利用的基础上进行的决策，而数据处置和数据决策活动又将影响数据管理。

由此可见，数据要素是数据治理的关键资源，无论是实现数据治理的技术创新还是数据治理围绕的各大应用场景，都越来越倚重数据要素的采集、促进、分析和应用。理解数据要素可以从数据和要素两个部分切入。[3]在《中华人民共和国数据安全法》中数据被定义为"任何以电子或者其他方式对信息的记录"，信息是数据的内容，数据则是信息的载体，信息以数据的方式生成、传输、储存、分析和处置。在大数据、人工智能等技术蓬勃发展的数字化时代下，数据成为关键的生产要素，其经济价值越加受到重视。因此，将数据作为重要的生产要素和治理要素可以更好地凸显其经济价值与社会意义，更好地认识和理解数据要素在数据治理中的重要意义，帮助治理者更好地把握数据要素的治理价值。

20世纪90年代，政府为适应时代的发展，逐步推动技术在治理中的应用，以电子政务的建设和发展为典型。不少学者认为如今数据时代的政府治理模式和方法与工业时代电子政务相比以往已发生显著的变化，如陈德全等[4]认为政府数据治理并不同于以往的电子政务，两者具有内在联系，但绝非简单的替代或者转换，而是从内容到价值均实现质的飞跃，数据治理是从电子政务的一个层面切入，推动政府数据资源的优化管理，包括数

---

[1] 尧淦，夏志杰. 政府大数据治理体系下的实践研究：基于上海、北京、深圳的比较分析[J]. 情报资料工作，2020，41（1）：94-101.

[2] 夏义堃. 试论政府数据治理的内涵、生成背景与主要问题[J]. 图书情报工作，2018，62（9）：21-27.

[3] 严宇，孟天广. 数据要素的类型学、产权归属及其治理逻辑[J]. 西安交通大学学报（社会科学版），2022，42（2）：103-111.

[4] 陈德全，王力，郑玉妹. 面向数字政府高效运行的治理体系研究[J]. 信息通信技术与政策，2020（10）：42-46.

据的挖掘、标准化建设以及数据共享、数据开放等。

此外，现有较为前沿的理论普遍关注数据应用与管理对政府实际运行的影响，即怎么做的问题。如在政府数据治理的创新路径上，汪玉凯[1]认为数据时代的政府治理首先需要理念层面的创新，要将现代技术和人本主义高度结合，进行智能化治理、智慧化服务。陈朋[2]认为政府要着力拉平上下级政府之间的科层等级，打破横亘在纵向科层制与横向分工合作之间的体制壁垒，着力推动形成扁平化的政府组织结构。

将数据治理纳入政府发展轨道后并不意味着一劳永逸，随之而来的数据治理风险问题也越发严峻。Sundberg[3]将数据治理的风险划分为 IT 安全、用户使用、实施障碍及政策与民主四类。王谦和曾瑞雪[4]以社会技术系统理论作为支撑，总结出数字政府面临的信息技术风险、技术与组织的整合风险、知识管理风险、阶段与过程风险、社会功能风险五类风险。王金水和张德财[5]指出数据治理推动政府治理创新首先要看到其在政府、社会和个人层面所面临的困境，盲目建设会造成资源浪费，损害公众权益。

（二）数据治理面临新机遇

数字化时代下，数据治理成为新的社会治理范式。数据技术与基层治理场景的深度融合，在带来风险与挑战的同时，也提供了大量的机遇。国家的现代化治理转型理念为数据治理提供发展环境，数据技术快速迭代为数据治理提供新工具，为基层数据治理带来新理念与新方法。

---

[1] 汪玉凯. 智慧社会与国家治理现代化［J］. 中共天津市委党校学报，2018，20（2）：62-65.

[2] 陈朋. 大数据时代政府治理何以转型［J］. 中共中央党校（国家行政学院）学报，2019，23（6）：25-30.

[3] Sundberg, L. Electronic government: Towards e-democracy or democracy at risk? ［J］. Safety Science, 2019, 118: 22–32.

[4] 王谦，曾瑞雪. 社会技术系统框架下"数字政府"风险分析及治理［J］. 西南民族大学学报（人文社会科学版），2020，41（5）：226-233.

[5] 王金水，张德财. 以数据治理推动政府治理创新：困境辨识、行动框架与实现路径［J］. 当代世界与社会主义，2019（5）：178-184.

1. 数据要素作为重要资源推动数据治理实现新可能

在数字化时代，数据要素在经济社会发展、社会治理和社会参与等多场景中沉淀，同时数据要素的分析与应用也促进了数据治理的转型与发展，为数据治理提供新环境与新机遇。一方面，技术的蓬勃发展带来了社会经济和社会治理的蓬勃发展，同时在这一过程中积累的海量数据要素，为数字治理提供了坚实的数据基础。海量数据的价值挖掘也为政府决策与风险预警提供了重要支撑，为数据治理提供新方向和新可能。

另一方面，数据要素成为经济社会发展和社会治理的关键资源，为城市治理带来了新机遇。在经济发展方面，数据要素与社会生产融合极大地提升了生产效率，赋能数字经济发展与转型，为市场监督管理带来了新工具；在社会治理与公共服务方面，通过海量数据要素的分析与价值挖掘，能够有效反映社情民意，帮助治理者把握治理现状和社会风险，精准识别治理困境，支撑基层治理、生态环境、公共安全等多维度多场景的实时感知和风险智能研判，优化资源配置与决策水平，实现业务数据与治理实践的深度融合，提升治理效率，实现更便捷、更高效的公共服务。

2. 技术快速迭代发展提供了新工具、新理念与新动能

进入数字时代以来，数据与技术不断融入政府治理，为社会治理提供信息时代治理工具。政府采集数据的能力不断强化，政府可以运用的数据量显著扩大、数据维度显著增加，为数据驱动治理提供更为坚实的基础。同时，数据分析工具与数据关联工具的更新迭代，赋能政府有效处理更为庞大与多维的数据，让数据在治理场景中创造出更强的治理效能。数据与信息技术的发展为社会治理带来新工具的同时，也推动政府治理转型，为基层社会治理提供新治理理念，为政府治理结构、治理决策与治理过程的转型提供新机遇。

数据和信息技术在数字化时代促进了政府治理的创新和整体性，通过大数据提升了政府各部门间的联系和协同。这改变了传统的政府管理模式，使政府服务更趋向以人为中心，实现了多渠道、跨部门的无缝整合，从而提高了社会治理效能，实现了从碎片化治理向整体性治理的转变。

数据和信息技术的发展使政府决策更科学，通过数据汇集和分析提高决策的科学性和准确性。过去，政府决策受信息技术和数据限制，缺乏有效的数据支持，导致决策不够真实和准确；现在，利用大数据的高速计算能力和数据挖掘，政府能够进行更精准、快速的政策设计，全面分析公众行为、需求和经济态势等复杂问题，提高社会治理的精准度，为社会治理带来新动力。

数据与信息技术的发展提升社会治理开放性水平。大数据与信息技术在治理场景的运用，要求数据在政府与社会之间流动与关联，推动政府治理走向开放。数据与技术的发展充分调动社会主体的治理能力，使政府由"闭门管理"走向"开门治理"，使社会治理由"政府单向管理"发展为"多主体协同治理"，进一步提升政府治理的能力，为基层社会治理注入新动能。

3. 国家战略与政府治理转型带来了新机遇与新环境

在数字化时代，为推进国家治理体系和治理能力现代化，国家越来越重视数据治理的重要价值，作出了一系列重要部署。2021年12月28日，中央网络安全和信息化委员会发布《"十四五"国家信息化规划》，提出了总体目标：到2025年，数字中国建设取得决定性进展，信息化发展水平大幅跃升，不断推动数字技术、数字经济、数字政府的建设和发展，也要求不同场景下实现有效、高效、精准的数据治理。国家也更加重视数据要素的规范应用和价值发挥，2022年12月《关于构建数据基础制度更好发挥数据要素作用的意见》确立了数据基础制度体系的"四梁八柱"，规范数据要素的监管与应用；2024年1月，国家数据局等17部门联合印发《"数据要素×"三年行动计划（2024—2026年）》，要求充分发挥数据要素乘数效应，赋能经济社会发展。一系列政策部署提高了对数据要素重要价值的认知，也为数据治理创造新机遇与新环境。

大数据、云计算、人工智能等新兴信息技术的迅猛发展，不仅对人们的生产生活产生了重大影响，也对政府的治理方式提出了新要求。建设数字政府是政府运用互联网、大数据、人工智能等信息技术解决公共问题、提供公共服务、实施公共治理的活动，其本质是政府的数字化、智慧化。数字政府建设是当前推动国家治理体系和治理能力现代化的着力点和突破口，是推进"放管服"改革的重要抓手，是促进政府职能转变的重要动能。

全社会数据素养不断强化，为数据治理提供了新环境与新机遇。在数字化时代，数字素养成为关键的知识技能，涉及工作、学习、娱乐和社会参与等多方面。数据治理与社会数字素养相辅相成，政府数字化改革要求提升工作人员和社会大众的数字能力与素养。数字政府的建设不仅有利于提高政府工作人员的数字素养，也是政府治理的全面变革，对全社会产生积极影响，促进社会进步和国家发展。

（三）数据治理的体系不断完善

海量动态数据通过信息技术被转化为具有强大决策力、洞察力和流程优化能力的大数据。这些数据在政府各职能领域的应用不仅放大了生产力乘数，创造了更多价值，还大幅降低了成本，提高了效率，增强了民众的满意度和获得感。数据应用的扩展还推动了5G、大数据中心、工业互联网和人工智能等新型基础设施的建设，提升了社会的数字化水平。以下将以上海市、杭州市和广州市为例，从管理、技术和制度三个维度探讨我国当前的数据治理体系和实践效果。

1. 上海市——城市最小管理单元数据治理

近年来，上海市在数据治理的具体实践中不断进行探索，把数据治理与城市管理有机地结合起来，采用城市最小管理单元数据治理推动上海市进一步探索提升基层精细化管理水平，从城市数据治理切入，带动经济与生活数字化，全面推动城市数字化转型。

在管理提升上，上海市针对城市管理的痛点问题采用最小管理单元数据治理，赋能城市管理需求，提升管理能力。作为全国"一网统管"建设的引领者，上海一直在积极探索城市数字化转型下的治理新理念与新方法，在城运中心的指导下，黄浦区与华为联合创新，选取南京大楼作为城市数据治理最小管理单元进行试点,通过解剖楼宇这个城市最小管理单元,优化闭环管理机制,积极探索政府与市场主体有机联动的城市数据治理新道路。

在技术进展上,数据采集、存储、分析、安全等新技术逐步被应用。上海市基于城市智能体参考架构,融合华为云、大数据、AI、边缘计算、5G等多种先进技术,共同打造1:1"活"的大楼数字孪生。该系统在静态建模的基础上,通过叠加多维实时动态数据,支持以生命体、有机体这样的视角对大楼进行感知和管理,并构建系统化的数字生命体征,实现城市运行管理的实时预判、实时发现、实时处置。作为城市最小管理单元,南京大楼的市场主体通过大楼数字孪生系统解决市场管理的日常需求,实现社会利益与市场利益的双赢。

在制度优化上,上海市将城市管理进行矩阵结构的微妙变化和流程再造,通过条块融合、打通横向部门之间的数据壁垒和跨部门协调效率低下等城市治理痛点,从原来的条块结构优化为扁平化制度。上海市基于城市智能体建设,使用数字化、智能化的手段将城市运行管理活动中的各级主体责任层层压实,从而实现城市数字化转型下的精细化管理新制度与模式。这种最小管理单位的创新制度,逐渐从一栋楼推广到一条街、一个区、一座城,真正做到坚持"人民城市人民建,人民城市为人民"的重要理念,谱写新时代人民城市建设的新篇章。

2. 杭州市——全域化数据治理

在杭州,"数据"不仅是一种经济形态,也是一种生活方式,深入每个角落、影响每个家庭、惠及每个市民。统计显示,2019年杭州市数字经济核心产业实现增加值3795亿元,占GDP的比重为24.7%,对全市经济增长贡献率超过50%。2020年上半年,杭州全市数字经济核心产业增加值逆势增长10.5%。而全域数字化改革作为一项复杂的系统工程,必须从区域层面实现管理提升、技术发展、制度优化。如今,浙江已成为中国数据治理的典型,其数字化改革正从政府治理领域向全域数字化延伸,从支撑政府治理现代化向支撑省域治理现代化升级。

在管理提升上，杭州市余杭区成立社会综合服务中心，推动政府的日常管理服务的提升。杭州市余杭区社会治理综合服务中心于2019年5月底正式运行，以"杭州城市大脑·余杭平台"为线上指挥中心，成为余杭区全域治理的智能化管理和指挥"中枢"。杭州市还依托城市大脑给各级领导干部开发上线"数字驾驶舱"，辅助决策分析和服务管理，并将"亲清在线"平台做成企业"高频使用"的新型政商关系服务平台。

在技术进展上，杭州市余杭区社会治理综合服务中心目前已覆盖全区20个镇（街道），并将逐步推广至366个村（社区），形成"金字塔"形三级社会治理综合服务中心。平台整合了基层社会治理各类资源力量，包含智慧综治、智慧调解、智慧公安和智慧城管等十大模块，打通21个部门、单位的25套信息系统，归集300余万条人口数据、100余万条房屋地址数据、25万余条企业数据，纳入6000余个机构约3.6万名网格员、人民调解员、行政工作人员、社会组织成员、行业专家等进行统一调度。

依托这个智慧"大脑"，余杭区每季度分析总结经济安全、平安环境建设、舆情监测、公共安全等七个方面的内容，实时监测、提前预警社会治理风险，并推出社会治理指数。此外，面对群众企业的办事烦愁，加快打造"掌上办事之省"，"浙里办"成为群众企业办事"一站式"服务窗口；面对机关内部的运行堵点，加快打造"掌上办公之省"，"浙政钉"成为各层级联动、各部门协同的线上工作平台。

在制度优化上，杭州市面对执法监管的短板弱项，加快构建线上执法监管体系，监管效率和执法效能大幅提升；面对城市治理的复杂难题，加快构建"城市大脑"体系；面对公共场所的治理需求，创新实施服务大提升行动等。此外，还创建出用数据说话、用数据管理、用数据决策、用数据创新的智慧治理"余杭模式"，主要破解社会治理的三大难题：一是精准感知，变事后"救火"为超前预防，有效防范社会风险；二是高效处置，变应对迟钝为及时快速，就地化解矛盾纠纷；三是以人为本，变管理控制为多元协同，社会治理出现共建共治共享的新局面。

全域数字化改革是一项系统性、耦合性工程，杭州市建立上下一致的全域数字化推进机制，按照"一盘棋、一张网"思路整体谋划、统筹推进。在具体数据治理中，坚持整体谋划、统筹推进切实可行的运作机制，从而提升改革效能、降低运行负担，还建立起覆盖全域、统筹利用的数据共享大平台，深化一体化权力运行平台，实现数据落地与全流程监管。

3. 广州市——全方位一体化数据治理

随着数据要素对其他要素效率的倍增作用日益显现，目前全国已有十几个省份成立大数据管理局，致力于打破"数据孤岛"和促进数据汇集与整合体系化，成为数据治理建设的有力抓手，其中广州市的"全方位一体化数据治理"就是一个良好的例证。

在管理提升上，广州市为更好发挥政府服务热线桥梁纽带作用，不断提升政府服务满意度，推动12345政府服务便民热线进行一系列数据治理实践的探索，逐步构建市、区、街镇三级联动的"一号接听，有呼必应"服务与管理系统。依托广州市12345政府服务便民热线和116家承办单位，全面整合全市11个区、40个市直部门76条服务专线资源，综合集成热线电话、政府网站、政务新媒体等多种渠道，集中受理市民的咨询、求助、投诉、举报、建议等5类诉求，建立"一号接听、按责转办、限时办结、协调督办、定期考核"的全流程热线工作机制，形成市12345政府服务便民热线统一受理转派、区、街镇按责办理的三级管理与服务体系。

在技术进展上，2020年，广州市整合撤并各市直部门的信息技术中心，成立广州市数字政府运营中心。通过全力打造"穗"系列政务品牌，助力公共服务高效化、社会治理精准化、政府决策科学化。主打"一网通办、全市通办"的"穗好办"政务服务品牌，全面构建"网上服务指尖办、线下渠道就近办、服务渠道多样化、服务体验优质化"的多元化政务服务模式。为解决城市管理中的堵点、痛点、盲点、槽点，广州市打造"一网统管、全城统管"的"穗智管"城市运行管理中枢，对接30多个部门的近100个业务系统，设置智慧党建、政务服务等20个主题，接入超19万路视频信号、逾8亿条数据，初步建成城市运行综合体征和关键运行体征指标图景。

在制度优化上，自2015年5月起，广州在全国率先实行前台综合受理、后台分类审批、统一窗口出件的集成服务制度。2017年，全面推进一窗式集成服务制定改革，实现到一个窗口办所有事。截至2020年底，市政务服务大厅共有42个进驻部门，1628项政务服务事项纳入一窗综合受理，实现企业群众办事只进一扇门，只到一扇窗。广州市数字政府建设取得显著成效，政务服务从单一的窗口审批服务拓展为集窗口服务、网上办事、政府网站、政府服务热线、公共资源交易管理、政务数据管理于一体的全方位政务服务，成为深化"放管服"改革、优化营商环境和实现城市治理体系和治理能力现代化的重要推动力。

4. 小结

从以上三个城市的案例可以看出，我国当前的数据治理实践有较强的问题导向与现实维度，各地的数据治理实践具有一定的相似性，分别表现在层次、管理、技术和制度四个维度上。

在层次上，数据治理开展的主要舞台为中微观层次，而不是宏观层次。数据治理的优秀案例，大多集中在省、市这一层级，但成体系的、全国范围内的数据治理案例数量并不多。一方面，省、市两级拥有足够的资源，完整的组织架构，能够为数据治理的开展提供充分的资源支持；另一方面，省、市一级面临的问题大多是现实问题导向，数据治理能够很好地嵌入具体的问题解决过程，不至于太过宏观复杂而无从下手。

在管理上，数据治理以辅助为基础，逐步改变治理理念。数据治理更多的是嵌入某一类问题的管理方式方法中，以辅助管理人员更好地决策和执行命令，并在数据治理的过程中逐步改变管理理念，发挥数据的作用。许多城市的数据治理案例，大多体现"原问题—引入数据治理—问题较好解决—管理理念相应改变"的路径。

在技术上，技术引入及时迅速，政企合作是常见的手段。地方政府在开展数据治理的过程中，常常会引入社会力量进行辅助，发挥社会在技术层面的优势。政府引入的技术往往具有问题导向、现实导向，以解决问题为基础。因此，技术并不追求极致，而是追求适用。

在制度上，以对制度的调控、完善为主，并没有上升到整个体制机制的重构。政府传统解决某类问题的方式不适用，效果不好时，便尝试引入数据治理以改进解决方式。数据治理的使用并不涉及大规模的体制机制重构，更多的是在原有的制度基础上，改变某些环节的运作程序，引入数据的作用，用数据治理打通问题解决路径中的困难点。

二、数据治理的问题与挑战

（一）认知不清晰

1.对大数据、数据治理的片面认知与误解

政府部门对大数据的认知和合理运用方面仍存在误解，如认为数据量大就是大数据，尽可能地收集和保存大量原始数据，但原始数据一般是混乱与残缺的，不同的数据源之间可能缺乏一致性，面临着标准不统一、缺失样本多、信息失真等问题。

并不是通过收集海量数据就能得出治理良策，数据在没有进行清洗与分析的情况下是无法辅助政府决策的，而是需要从数据准备、数据收集、数据清洗、数据加工以及专业化的数据交叉分析后才有可能产生有效的数据结果。在"数据都是资源"的误导下，一些大数据中心以囤积的数据规模显示其工作的成绩，这对于政府的数据治理而言并无益处。唯有整合有用数据，清理无用数据，才能有效提高数据使用率。

此外，数据治理也不意味着将数据整合到信息平台中，作为静态的结果展示。信息化平台是政府数字化转型的重要途径，但政府数字化转型更为重要的是形成数据治理的理念，让数据充分融入政府治理的各个环节，充分发挥数据对政策制定及决策指导的辅助作用。数据治理不是一个临时性的运动，需要从根本上形成数据治理意识，构建与运行数据治理体系，通过长效机制推动各部门相互配合，从而才能高质量地达到数据治

理的目的。

2. "大数据万能论"与"大数据无用论"

作为新经济领域的"石油",大数据的重要程度不言而喻。在数据时代,"拥有大数据就是拥有一切""大数据无所不能""大数据的本身就是伪命题""大数据不过是无效数据的集合"等片面武断之词充斥着数据治理场景,相应地产生"大数据万能论"与"大数据无用论"的偏误理论。过度宣传大数据作用会形成大数据无所不能的假象,同时会加剧盲目性和无意义的建设。而片面认为大数据无用同样会阻碍数据治理发展的步伐。

数据应用有价值也有边界,因此,大数据既不能片面地认为是万能的也不能认为是无用的。大数据的本质仍是数据,其价值最终是从根本上解决应用问题,而非制造新问题。大数据的战略意义不在于掌握庞大的数据信息,而在于挖掘数据深层次可能蕴含的价值并通过专业化的技术处理实现增值效益。对于数字政府而言,最重要的不是数据本身,而是能够切实提高治理的效率和能够在大数据的基础上服务于民众并产生民众满意的综合效益。

(二)体系不完整

在制度设计层面,缺乏对于数据资源的归属、采集、整合、开发、利用等权责利的制度化安排,数据开放共享和数据安全的制度保障缺位。一直以来,各级政府部门投入大量的人力物力采集各种数据。但是,由于地方政府在采集数据时缺乏大数据思维与规范化的制度安排,数据采集、分析和使用的效率较低。对数据资源的采集、整合、开发的规模较小,很难满足大数据时代的决策需求。在大数据缺失的条件下,数字政府难以做到精准决策和精细化治理。

在管理机制层面,缺乏与数据相关的绩效激励思维与机制。政府内部的组织体制事关数据治理的建设成效,而高效的数据治理很大程度上取决于政府数据资源开发利用的管理体制。针对各自为政、流通不畅、封闭分散的体制惯性,需要在组织层面解决好数据治理的领导权、决策权与执行权、监管权的分配问题。目前，政府部门尤其是一些职权部门的数据激励需求的思维仍未冲破桎梏，在数据治理建设项目规划和落地、协作和推进的过程中，缺乏数据意识的职权部门无法积极引导大数据项目的规划和推进朝着一个合理的、正确的方向上前进。数据在不同的政府层级当中发挥不同的作用。对于高层决策者而言，数据是他们作出决策的重要参考，也是监督政府运行的指标，但对于基层部门而言，数据往往是他们的负担。尽管基层执行者能够体会到数据治理的重要性，但由于收集上来的数据并不能为他们的工作提供有益的指导，也不能为他们的工作赋能。对他们而言数据治理就逐渐形式化为上级部门下达的任务指标，加重他们的工作负担，不利于科层系统内部上下级的协调治理。此外，政府组织内部缺乏建设数据精细化管理的机制，制约数据质量的提升和机制发挥。制定数据管理体系需要因地制宜，在做好传统数据整合管理的基础上，再逐步探索并推进大数据管理的建设。

在权责分配层面，政府部门内部管理和职责界定不清晰导致协同治理中存在权责交叉现象。尽管数据治理运用数字化平台逐步实现了技术、业务、数据融合，但政府并没有实时动态调整权责清单，编制职责边界清单。在具体的业务场景和应用需求之下，跨部门事项中组织分工不明确、部门之间权责不清，致使实际的治理协同中存在遇事推诿、执行不力等许多障碍。同时，在传统科层制下，政府整体职责被细分至各个部门，呈现封闭性、机械化的特点，各部门倾向单边运行而非多边协作。在面对需要跨部门协同治理的事项时，部门不愿牵头、不愿主动参与，尚未实现从"政府单一部门行使职能"向"整体政府提供服务"的转变。

在标准规范层面，普遍存在的问题是数据标准与规范缺失。数据的开放与流通的实现需要统一标准，包括统一数据获取要求、数据格式、数据接口、数据平台等。目前，在数据治理的实践中，跨部门的数据协同没有落实至制度层面，部门间获取数据的行政成本居高不下，部门间数据格式与数据平台不统一。在早期信息化建设中，政府部门基于自身业务需求开发了多种应用系统，导致数据异构、格式和类型不一致，数据质量问题成为突出问题。现有的政府数据标准体系需解决数据不标准、不完整、重复和错误等问题。由于缺乏统一的数据资源整合标准，不同部门的系统框架和标准不一致，数据存储格式和结构也各异。这导致部门间数据对接困难，数据汇聚量小、共享比例低、数据质量不高，影响了跨部门数据治理的效率。此外，政府向社会公开的数据格式和平台差异，也阻碍了政府与社会之间的数据沟通与关联，降低了政社协同和多主体治理的效能。

（三）路径不清晰

1. 技术先行而管理滞后，场景、需求、思路、执行等不清晰

数据管理理念关乎数据治理的战略定位，一般而言，政府部门需要认识到数据是资源和资产，也是组织管理的创新不可或缺的重要组成部分。但是，政府部门在数据思维运用及其转化方面仍存在认知短板——推动技术先行而管理滞后，对于数据具体应用场景，数据实际需求，数据发展思路和数据转化为执行力等方面探索的路径仍不清晰。

一方面，数据治理中对治理需求的发现不充分。数治融通最根本的要求在于数据技术应用的治理需求明晰。明确的治理需求是数据技术在治理场景中真正与治理场景融合并创造效能的首要前提。"为了数据赋能而数据赋能"等治理需求不明晰的情况，将带来数字化转型中数据技术与治理需求脱节。数据治理时代下，数据是重要生产要素和关键治理资源，实现数字化转型的关键是发挥数字赋能的效用，数据分析和技术应用是挖掘和明晰治理需求的有力工具。

另一方面，数据治理中技术与治理不同步。随着数据和技术的快速迭代，治理需求不断更新，数据治理在场景化和精准化方面也面临更高要求。存在的问题包括数据与治理环境不匹配、技术调试被动和滞后等，导致数据技术应用效率低下，治理需求响应不全面。

数字政府更多关注技术对数据资源的控制，而对数据创新和价值增值的长远管理有限。政府对数据战略的认知水平影响数据治理的主观能动性，观念差异主导数据治理的发展方向。数字政府正从强调技术先行转向

重视数据管理的科学性、连续性和专业性，采用全面、系统和前瞻性的管理思维，整合与共享开放数据，避免片面技术化开发利用。转向创新管理理念，将场景、需求、思路与执行内化为业务创新驱动力，我国政府在这方面仍有很长的路要走。

2. "技术导向"与"需求导向"

数字政府建设关键不在于"数据"与"技术"，而在于"治理"，回归政府治理本位才能抓住对数字政府的基点理解。长期以来，我国数字政府建设以技术建设为导向，认为简化审批、加快建设一大批信息化系统，就能较好地提高政府履职能力。这种以云网基础设施为导向的建设模式，已经不能解决经济社会发展阶段的主要矛盾，无法增强数字政府建设的针对性和实效性。

当下，数字政府建设必须坚持战略导向、问题导向和需求导向的建设机制。一是坚持战略导向，数字政府要和国家战略结合，从全局中找到方向，把各个领域相互交织的改革事项系统化，切实抓好重点领域改革。二是坚持问题导向，着力在数字政府建设难点上下功夫，求突破。数字政府建设不应局限于政府力量，还需倾听社会意见，为社会参与数据治理提供准入渠道，弥补单政府部门视角造成的问题认识不清晰短板。三是坚持需求导向，以公共服务和社会管理的需求为目标，切实提高政府履职能力，提高公共服务的时效性、规范性和权威性，有效提升政府治理水平。

（四）保障不充分

1. 组织保障不充分，架构、管理、资源、安全等不清晰

目前，政府部门在数据治理方面上的组织保障缺位，导致政府内部出现"无用数据爆炸"和"可用数据短缺"并存的现象。政府一方面强调数据治理的重要性；另一方面却缺乏有关数据的采集、管理、分析、应用和安全的正确认识，没有形成关于数据治理的具体战略规划，缺乏清晰明确的数据治理目标，甚至可能存在盲目崇拜数据和数据意识两极化的问题。大多数地方政府并没有根据数据治理的实际需要调整组织架构设置，没有

建立数据治理的管理、资源保障、安全防护等机制，没有提供有效的支撑和保障，严重制约数据治理的提升与发展。

2. 政府内部缺乏熟悉政府工作和大数据专业知识的人员

当前，数据已经成为新的生产要素，大数据行业已成为使用信息处理、信息存储、信息交互资源的重要模式，也是进行大数据处理和深度挖掘的重要平台，大数据专业技术人员在我国现阶段及未来发挥的作用将日益凸显。未来社会需要更多复合型技术人才，而我国政府公职人员以管理型人才为主，技术专业人才相对欠缺，更缺乏熟悉政府工作且具备大数据专业知识的人才。不少政府公职人员只能对数据资料进行简单的"电子化"处理，无法深入挖掘数据资源。而政府在数据挖掘、获取、整合以及分析等技术方面的缺乏，可能使数据蕴含的价值被埋没。

3. 缺乏负责数据管理、共享和开放的专门部门

政府和公共部门掌握大量的数据资源，是最大的信息数据生产、收集、使用和发布单位。在大数据时代，各个部门、各种类型的数据需要联动整合才能更好发挥作用。但目前的数字政府建设中普遍存在"数据孤岛"效应，政府部门对数据资源的分割和垄断，制约政府的协同管理水平、社会服务效率和应急响应能力。许多地方和部门建各式各样的数据中心，导致业务系统数量多且复杂，出现的标准不一、重复建设，维护缺失等问题，造成了数据资源的浪费，同时也为下一步整合制造了新的难题。

此外，还存在"不愿开放、不敢开放、不会开放"数据的问题。大数据具有天然的公共属性，最大化利用才能产生最大价值，而要最大化利用它，推进大数据共享和开放是最关键的一步。目前的数据治理中仍缺乏权威化、专业化的部门对数据管理、共享和开放进行实时更新与分析。政府只有将大数据真正地利用起来，才能产生应有的价值。

（五）风险难应对

政府治理的数字化转型在推动数据在政府治理场景中创造效能与价值的同时，也带来了风险与挑战。数据治理需面对的风险包括数据应用风

险、数据管理风险、平台运营风险及数据治理偏移风险。

1. 数据治理在应用层面将为社会治理带来前所未有的挑战

基层治理数字化下，技术深刻影响着社会治理的运行机制，产生算法治理、人工智能治理等新社会治理形式。技术应用在深刻提升社会治理效率的同时，也带来了工具理性与治理伦理之间的矛盾。在积极将数据应用于社会治理实践时，若过度依赖数据技术，追求数据的工具价值，忽视社会治理中的人本价值与社会效益，则可能会导致数据与治理失衡，形成进一步的社会治理风险。

2. 政府在数据治理中也面对着数据管理风险的防控

在全社会数据关联与共享的愿景下，政府数据治理平台汇聚规模大、颗粒度高、维度广的各类数据，带来数据管理与存储的难题。数据存储风险应对措施的缺位，将极大可能引发数据泄露问题。对于公民而言，政府数据的泄露将造成隐私泄露风险；对于企业而言，政府数据的泄露将造成商业机密泄露风险；对于国家而言，政府数据的泄露则会导致国家安全风险。目前，法律法规对数据全流程管理的规定仍停留在原则化层面，数据安全保护责任认定还不健全，衍生出新的治理风险。

3. 当前数据治理需要进一步应对平台运营风险

数据技术与治理需求的结合在应用层面表现为便捷易用的数据治理平台。数据治理平台的易用性与便捷性是数据治理效能的基础，是数据技术与治理需求结合的重要指标。当数据治理平台低效时，即使数据流动性强、关联性高，但只要数据无法与治理需求充分结合，就无法产生治理效能。在自然灾害等极端情况下，数据治理平台的失效会加大基层治理停转的风险，带来更为严重的社会治理风险。

数字化转型带来风险的同时，政府治理场景日趋复杂化、治理主体多元化，数字化风险点激增。当前，法律法规与监管措施的缺位致使数据治理风险难以解决，政府在推行数据治理时仍面对多重社会治理风险和数据技术应用产生的新风险，加强监管、健全立法仍是管控风险的必由之路。

4. 克服数据治理偏移风险需要多方共同努力

在政府内部，上下级对数据治理的理解和运用不同，容易导致数据风险被忽视，使数据治理流于形式，数据的价值得不到发挥，甚至导致通过数据发现治理中存在的风险这一功能缺失。如何转变数据治理理念，让基层管理者也能体会到数据治理的好处，并减轻他们的工作负担，辅助他们解决现实问题，是地方政府开展数据治理需要解决的问题。

在社会层面，数据治理的社会参与程度不足。很多情况下都是政府作为主导者，包揽数据的采集、处理、分析和产出，社会层面往往局限于部分结果的查询。社会问题复杂多变，政府不可能完全了解社会问题的全貌，政府主导容易导致问题了解不清晰，数据收集分析有偏差，其产出并不能辅助决策者作出真正科学、合理的决策，难以有效应对社会问题的风险。如何设计一个全面的数据治理体系，让社会力量参与数据治理的全过程，让数据的来源更全面、更真实，数据治理结果产出更科学，同样是地方政府开展数据治理要思考的问题。

综上所述，有效的数据治理实践，需要良好的理念支撑，需要明确技术嵌入的服务场景，同时需要克服数据治理已经出现的问题和挑战。它应该以数据为核心，以技术为驱动，以服务为导向，同时需要构建一个应对风险的韧性机制，确保整体运作的稳定性。

第三章

数据时代的治理之道：技术、服务与韧性

导语

伴随技术的发展和应用的深化，数据时代的治理方式和治理理念都发生了深刻的变革。在技术赋能治理方面，数据时代的治理理念由信息平台赋能转型为数据赋能，数据成为重要生产要素和关键治理资源，数据赋能成为数据治理的核心目标；在服务赋能治理方面，治理理念正在从自上而下的监督管理转向更加平等的服务协同，以平台为核心，以服务为导向，建立起扁平化、去中心化的高效协同模式。

在数字化转型推动治理范式变革的过程中，也对政府治理提出更高要求、带来重重挑战。数据时代下的双重变革引发了技术、服务与治理之间关系的重塑，刚柔并济，具备抵御风险、适应外部变化能力的韧性治理成为数据时代治理的新导向与新趋势，技术与服务则是实现韧性治理的两大基本要素。

技术、服务与韧性治理之间的相互关系共同构成了数据时代治理的协同三角。其中，技术和服务是协同三角立稳的重要抓手，数字化协同平台则是协同三角的底座和载体。抓手与底座有机结合，形成兼具适应性、有效性、稳定性和高效性的韧性治理。

首先，通过深化技术应用，建设生产—分析—驱动—能效的数据治理体系，快速捕捉并适应环境的变化，提升治理韧性；其次，通过构建管服一体体系，重塑提醒—调整—共识—成效的管理服务流程，实现业务目标和治理目标有效统一，促进多主体的协同参与，增强治理韧性；最

后，体现在理念和实践中，真正实现韧性治理。协同三角是一个包含理念与实操的中观模型，无论是在理论层面还是在实践层面，都体现出了巨大的价值优势。

协同三角的实施路径，可以概括为"理念先行"、"一个载体"、"两条路径"与"四个阶段"。"理念先行"是指在迈入数据时代后，与时俱进地将数字技术应用融入治理思维和治理理念；"一个载体"是指数字化协同平台，通过业务数据化、数据服务化、服务业务化的循环流程构造"协同三角"的底座与载体；"两条路径"是指技术治理MADE的数据赋能路径与管理服务MADE的管服一体路径，是实现韧性治理的基本路径；"四个阶段"是指起步、深化、赋能与长效，代表着螺旋式上升、波浪式前进的发展历程。

第三章
数据时代的治理之道：技术、服务与韧性

一、数据时代的治理理念

（一）从信息平台转型为数据赋能

2021年，国务院发布《关于加强基层治理体系和治理能力现代化建设的意见》，指出要以数字化和信息化赋能基层治理现代化，着力提升治理的现代化、智慧化能力和水平，推动高质量发展。数字化转型顺应国家顶层设计，是数据时代推动治理能力和治理体系现代化的必然选择。数据时代要实现治理现代化，不仅要求转变治理方式，更需要治理理念的转型。在技术维度，随着互联网技术和数字技术的不断发展，互联网及其技术发展演变经历了传统互联网、移动互联网、大数据/人工智能三个阶段，逐步从信息时代发展到数据时代，治理理念也正从"信息平台"转型为"数据赋能"。

在信息时代，数字化转型主要依靠平台技术支撑，包括网络技术、通信技术等，技术应用的重要目标在于推动信息平台的建设和发展。在这一时期，组织数字化转型专注于网络化渠道建设及基础底层系统和软件的开发。以电子政务平台建设为例，自1999年"政府上网"工程实施以来，全国各级政府及部门积极适应信息技术和传播模式的变革，普遍建设政府门户网站，探索和实现政务服务功能的网络化，拓展了民众获取政务服务的渠道。

随着互联网时代的到来，党中央和国务院多次作出全面推进"互联网+政务服务"的要求和部署，要求进一步整合政务服务资源和数据。近年来，各地区依托移动政务服务平台大力推动政务服务事项"掌上办""指尖办"，推动企业和群众办理的高频政务事项向移动端延伸。目前，政务服务网络化渠道不断拓宽，全国政务服务"一张网"基本形成，信息平台建设成效显著。

在信息时代，网络成为最广泛、最便捷的新兴媒介，平台技术搭建了信息扩散、舆论形成、公众参与的新生渠道。依托新兴的信息技术平台，新型治理实践蓬勃兴起，正在深刻改变着人类的生产方式和生活方式。随着信息革命的深入推进，数据已经成为国家基础性战略资源，中国社会正加速从信息时代向数据时代转型。

在数据时代，数字技术以新理念、新业态、新模式全面融入经济、政治、文化、社会、生态文明建设的各领域和全过程，对经济建设、社会生活和政府治理产生着整体性、革命性、根本性的影响，并提出了新的要求，传统的信息公开、政务信息化等已经不再适应时代要求，必须以新的思维方式和价值理念为指导，最大限度地分析、整合和共享数据和资源，使技术赋能治理。

在新工业革命的浪潮下，大数据、人工智能、区块链等新一代数字技术实现了革命性突破，为治理模式的转变提供了新的机遇。在数据时代，作为新型生产要素，数据是数字化、网络化、智能化的基础，已快速融入社会服务管理的各环节，深刻改变着社会治理方式。因此，数据驱动和数字化治理是政府数字化转型的现实要求和必然趋势，其中的关键在于发挥数据赋能的效用。

"赋能"的核心在于帮助组织成功，通过充分释放海量数据价值，发挥数字技术的效用，赋予治理新的动能，顺应数据时代的发展趋势。数据赋能的本质是数字技术深度嵌入服务场景，并通过数字能力的运用重塑价值创造的过程。在理念层面，可从以下四个方面理解数据赋能驱动治理转型的逻辑。[①]

第一，扁平沟通的互动理念。新一代数字技术打造了纵横交错的信息网络结构，组织内部和外部之间开始高频率的互动，实现了多方位、交互式的主动沟通，这种扁平沟通互动的理念打破了科层制的层级固化，保证了组织民主价值的实现。

---

① 沈费伟，诸靖文. 数据赋能：数字政府治理的运作机理与创新路径[J]. 政治学研究，2021（1）：104-115，158.

第二，协同共享的数据运营理念。数据协同互通能有机整合各管理部门、各领域的信息资源，有效发挥数据原料的价值。一体化政府平台建设、数据库汇集统一、区块链技术应用等有助于实现底层数据库之间的互联互通，打破闭环的组织界限，降低了治理难度。

第三，精准优化的服务供给理念。借助云计算、物联网等技术，通过泛在网络、在线获取、菜单点菜式服务，能有效打破原有思维中"单一化供给"的约束和桎梏，使组织能够更快速地响应公民诉求，寻求差异化、精准化、锚向性的公共服务供给。

第四，科学有效的决策理念。大数据、云计算等新一代数字技术为政府精准决策和靶向施策提供了技术支持，助推政府的决策理念从原先的"出现问题—逻辑分析—因果解释—制定方案"的被动响应转化为"数据搜集—量化分析—明确联系—方案预备"的主动预测，能有效解决公共部门决策失灵问题。

（二）从监督管理转变为服务协同

公共管理的基层参与者和服务者是国家治理的基石。在数据时代，平台、数据、算法等不断赋能社会治理，等级森严的科层制体系和单一的纵向命令关系无法回应多元的治理需求，必须重新厘清政府和社会在社会治理中的角色和作用。如何发挥数字赋能背景下"政府—社会"二重唱的社会治理协作效应，成为基层智慧治理亟待突破的新方向，如何调动基层服务者的积极性、提高基层治理效能，是其中的核心议题之一。当前，单一的监管或控制思维已经无法适应数据时代下复杂多元的治理场景，治理理念需要从"监督管理"转向更加平等的"服务协同"。

在过去，自上而下的监督管理是公共部门约束基层服务者行为的主要模式，具体表现为压力型体制下的"高压力"、"强激励"和"硬指标"。压力型体制是指一级政治组织为了实现赶超和完成上级下达的各项指标，而采取的数量化任务分解管理方式和物质化的评价体系。在压力型体制下,上下级政府之间是一种纵向隶属关系,上级政府在考核任务上层层加码,下级政府作为行政事务的兜底者,承担着巨大的行政压力。此外,上级政府手中刚性的"一票否决权"将考核结果与领导干部的职业晋升相挂钩,进一步提高了激励强度。

然而,在缺乏完善的考核指标体系的情况下,一味增强激励可能使基层政府更倾向采取弄虚作假的选择性行为回应上级压力。因此,上级政府通过制定目标考核机制、完善指标考核体系、提升指标硬度等手段,以硬指标规避基层应付式的回应行为。

从短期来看,高强度的压力、刚性的考核指标有益于提高基层政府的工作效率和积极性;但从长期来看,压力传导和考核失衡会增加基层人员的工作负担,挫伤工作积极性,进而影响工作实效,无法满足数据时代对基层治理的需求。因此,为适应数据时代复杂多元的治理场景,政府对基层治理者的治理理念亟待向平等的服务协同变革,以对冲硬性监管带来的压力,破除科层制的层级关系,提高公共服务参与者和服务者的自驱力。

在数据时代多元化的社会背景下,随着信息技术实现大范围的连接,每个利益方都被赋予了参与公共管理的能力,"单中心治理"模式逐渐被"多中心治理"模式所取代,治理主体范围不断扩大。"多中心治理"是一种全新的决策和治理机制,所有社会组织和行为者都可以参与公共服务治理,尊重并兼容多元主体的价值取向和目标需求。

为适应高度复杂化和不确定性并存的治理情境,"协同治理"这一概念应运而生。协同治理指社会治理从国家权力主导到政府引导、社会协同、公民参与、法制保障的多元合作的转变,强调多个部门组成、跨越部门壁垒的多元主体参与到治理行动和过程中。[1]

协同治理的前提是各个治理主体的意识觉醒和能力提升,这就要求政府重塑自身的功能角色定位,以服务为治理的底层逻辑,以服务价值为核

---

[1] 李汉卿. 协同治理理论探析 [J]. 理论月刊, 2014(1): 138-142.

心价值，以解决公共问题为焦点，向全体公共事务治理的参与者和工作者提供服务，提高其参与社会治理的意愿和能力，强化多元主体间的平等合作关系，以服务驱动协同。最终，公共事务治理要跳出科层制下牢固而有秩序的上下级制度，突破政府管制一切的管理方式，确定以平台化为核心的治理逻辑，建立扁平化、去中心化的高效协同模式，重塑并生成更高层次的有序性结构。

在理念变革的驱动下，通过聚焦基层治理场景，为基层治理的服务者赋能，提升服务者的协同能力和意愿，推动公共管理的目标从"服务管理"转向"价值共创"，最终实现协同治理。

（三）韧性治理——数据时代治理的新导向与新趋势

数据时代的来临推动着社会多方位的变革，数据要素对经济建设、社会发展产生着革命性影响。随着数据化的深入推进，社会发生重大变革，政府治理体制机制进行深刻转变，公众思想和需求日渐多样。在这一背景下，社会矛盾复杂化、体制弊端暴露、公众需求难以满足等各种风险在数据化和信息化的过程中不断累积和放大。

由此可见，数据时代促进人类社会进步发展的同时，也使社会充满了各种复杂和不确定的风险。风险往往摧毁的是社会治理中的脆弱之处，而韧性是相对于脆弱性而言的。韧性治理便是在风险社会下不断发展的治理理念。面对数据时代的不确定性风险，只有通过具有自适应性、自我修复性的韧性治理才能进行有效应对。

韧性治理源自"韧性"这一概念，韧性（resilience）这一概念与"应对能力"紧密联系，本意为"弹回原来的状态"。自1973年Holling从生态系统角度对韧性概念作出了系统性阐述之后，关于韧性的研究逐渐兴起并形成了多个学术流派。20世纪末，韧性研究延伸至灾害管理领域和社会领域，强调所处的灾害系统或社会环境抵抗风险并自力更生的能力。虽然"韧性"概念在不同学者、不同领域中的界定存在差异，但其强调的韧性具备共性特质和核心要求，即稳态、自我调适、弹性适应等。①

随着"韧性"概念向社会科学引入和社会风险的越发凸显，学者将"韧性"与"治理"相结合，强调治理能够应对风险社会的复杂性和不确定性。综合已有研究，韧性治理指相关治理体系具备自我适应、自我修复、自我学习的能力和特征，能够在面对压力与冲击时保持治理结构和功能的稳定，实现对变化、风险的动态适应与共生共存。其强调治理模式中面对不确定性风险的自适应力，反映了治理的弹性和调适能力，即能够在困境和风险中抵御脆弱性、适应外部变化，并尽快从损害中复原。韧性治理通常被运用于应急管理领域，但在国家治理现代化和数据时代的背景下，韧性治理被引入更广泛的治理领域。

数据时代下，韧性治理具有其时代性。随着大数据、区块链、人工智能等新兴数字技术在公共治理领域的有机嵌入，韧性治理的内涵不断融入越加多元的数字化治理场景。传统的治理落脚点在于有效性和高效性，这种治理模式能达成短期的治理成果，但在数据时代下，社会环境瞬息万变，仅侧重效率而忽视适应力的治理模式难以维持长期的能效。而韧性治理强调治理模式的自适应力和弹性，既能适应数据时代的日新月异，又能在变化中维持一定的稳定性，从而实现变与不变的统一。

数据时代下，韧性治理具有其必然性。数据时代的新变化给政府治理带来重重挑战，这些挑战便意味着不确定的风险，风险则对韧性治理提出必然要求。

就时代环境而言，一方面，数据时代变幻莫测，需要及时调整治理方式以适应数据时代的快速变革；另一方面，治理在跟随时代变化的过程中，也需要保持一定的持续性和稳定性。因此，如何能够既适应时代的变革，又在变革中保持一定的稳定性，即实现变与不变的统一，成为政府治理的一大挑战。

就公众需求捕捉而言，数据时代下的公众需求日渐多样化，其需求也

---

① 易承志，龙翠红. 风险社会、韧性治理与国家治理能力现代化［J］. 人文杂志，2022（12）：78-86.

第三章
数据时代的治理之道：技术、服务与韧性

在不断提升。政府治理的目标之一是满足公众需求，政府决策和治理执行如何精准捕捉需求并满足成为一大挑战。

就参与主体而言，由于数据时代的"面"变广，仅仅依靠单一的行政体制力量难以面对挑战，需要各种力量的联合。但数据时代的个体同时拥有实体和数字双重身份，如何实现线上线下的联动以充分调动各主体力量也是一大挑战。韧性治理具有自适应性等特征，面对复杂多变的外部环境和日益增多的风险挑战，只有通过韧性治理才能在风险危机中反弹并增强持续抵御风险的能力。

数据时代下，韧性治理具有其可行性。一方面，数字化手段为韧性治理提供了技术理性。数字化手段能够触达传统手段所无法感知的治理困境，通过态势感知明确问题所在，提升风险应对能力；还可以通过海量数据对风险进行检测、分析和预测，从而使风险应对转向风险预防。另一方面，数字化手段为韧性治理提供了联结力量。通过数字化信息平台，能够将信息传达至具有"数字身份"的公民，通过互动沟通和决策协商提升治理的有效性和广泛性，进而在资源配置、参与主体、资源共享等方面更具备聚合优势。

数据时代下，传统治理模式不再适应迅速变化的环境，环境变化产生的一系列风险挑战对政府治理提出更高要求，呼吁社会运用的韧性化解风险并提升治理水平，而数字技术具备提升韧性的潜力，因此，韧性治理成为数据时代下新的治理目标和导向。

首先，韧性治理应具备"技术韧性"。数据技术可以进行技术敏捷响应和迭代从而适应时代治理目标变化，形成数据流动和内循环，即通过"数据资产化—资产服务化—服务业务化—业务数据化"的路径提升适应性。

其次，韧性治理应具有"目标韧性"。面对时代环境加速变革难以保持治理稳定性的挑战，数据时代下的治理注重服务者的培养，促进管理者与服务者之间达成共识，即培养其能力进而影响其意愿，通过向上管理和向下服务，实现管理和服务的双向赋能，达到一致目标，从而使治理持久

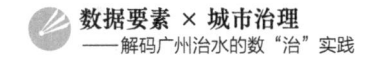

长效，实现稳定性。

再次，韧性治理应实现"服务韧性"。面对时代需求难以捕捉的挑战，数据时代下的治理需要改善服务模式，从科层制自上而下的监督管理，转为平等互利的服务合作，用服务驱动来化解，从而提升有效性。

最后，韧性治理应形成"制度韧性"。面对参与主体难以联动的挑战，数据时代下的治理需要将有限的资源集中起来实现治理目标，推动跨部门、跨层级以及组织与人之间的协同，将培训服务的"柔"与制度考核的"刚"相融合，形成刚柔并济的体制机制，最终实现高效性。

数据时代下，通过数字技术辅助政府治理，完善政府的服务模式和制度规范，形成多层力量的协同，提升技术韧性、服务韧性、目标韧性、制度韧性，从而提高适应力、抗风险能力、复原能力，最终构建整体性的韧性治理体系，不断推进治理能力的现代化。

二、数据时代的治理"协同三角"

（一）"协同三角"的治理要素与体系建设

在数据时代背景下，为贯彻管服一体的治理理念，为实现数据赋能的有效支撑，逐渐探索形成了稳定高效的"协同三角"治理模式（见图3-1）。首先，"协同三角"将数字化平台作为其运作的重要载体与实践底座，以及实现数字技术、管理服务、业务目标协同共振的重要根基。其次，"协同三角"将技术应用作为重要抓手、管服一体作为指导理念，围绕韧性治理构建起协同治理的制度框架。其中，构建生产—分析—驱动—能效的数据治理体系是技术有效赋能协同治理的重要基石，促进提醒—调整—共识—成效的管理服务流程重塑是协同治理的首要前提，实现有效—高效—稳定—适应的基层治理体系重构是韧性治理目标达成的关键要义。

| 第三章 |
数据时代的治理之道：技术、服务与韧性

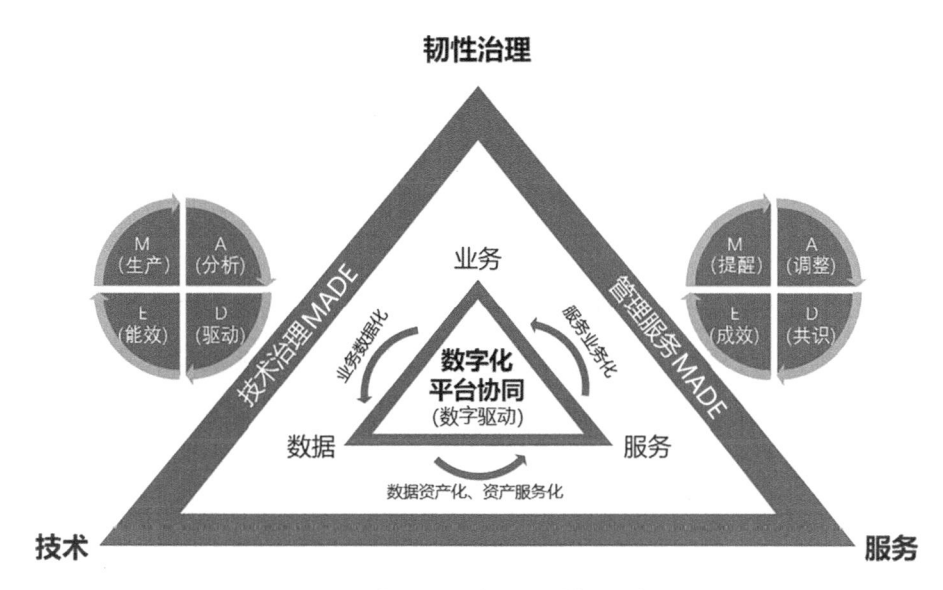

图3-1　数据时代的治理"协同三角"

1. 数字化平台——"协同三角"的底座与载体

为解决治理碎片化、跨部门协同困难等问题，同时为"协同三角"提供实践载体，应用数字技术建立的协同平台应运而生。数字化平台的上线，使治理工作得以从末端进行转变，推进了业务部门数字化转型等一系列工作。此外，业务部门自身的不断完善和成熟，也为数据共享和平台算力共享创造了可能。这将使相关的组织部门以及业务线都能够借助平台提升治理效率，加强协同和合作，实现治理效能的稳定持续发挥。

数字化平台是落实技术赋能业务部门、优化管理流程，并最终实现韧性治理的重要途径，更是协同理论的实践载体。一方面，数字化平台为协同提供坚实技术与机制支撑，有效推动多元业务的联动和广泛数据的收集、共享，解决由信息系统或业务协助平台建设分散问题带来的数据、信息碎片化问题，有利于组织充分把握业务执行的整体情况与业务环境的变化，促进业务执行过程中的决策协同与部门协同，提高政府在治理过程中的动态调整能力。

另一方面，数字化平台还支撑了管服一体治理理念的落实和执行，从

"监督"执行转变为"服务"执行，基于业务执行具体需求及其难点和堵点，优化业务、服务和数据应用，有针对性地调整资源分配和履职形式从而帮助基层执行者提高业务执行的能力和意愿，同时也提升了管理层的监督能力和效率，全面促进目标协同和业务协同，全面提升协同的有效性和高效性。

2. 技术应用——生产—分析—驱动—能效的数据治理体系建设

构建生产—分析—驱动—能效的数据治理体系是实现技术应用有效赋能协同治理的坚实基石，是业务协作、部门协作持续稳定运作的重要依托。协同治理的实现不仅要求基于统一技术平台的规范化数据共享，而且关注基于海量数据实现的问题识别和业务驱动，围绕痛点难点问题为部门间协同合作提供有效的决策支撑和指引。

这一数据治理体系的建设围绕具体的治理目标和业务目标，涵盖了数据生产、数据分析、数据驱动、数据效能释放等环节，不同环节之间环环相扣、相互支撑，为促进业务流程之间与部门之间的协同共治提供有力支持。先进的技术手段与完善的数据治理链条的结合不仅实现了业务执行模式的转变，同时也促进了数据的共享、流转和分析应用，有效驱动业务执行和治理效能释放。

一方面，这一数据治理体系有利于实现业务数据的精准提炼和有效分析，精准识别痛点难点问题，为科学决策提供坚实支撑；另一方面，这一数据治理体系也有利于通过业务执行的数据化、可视化强化监督管理，激发基层工作者的积极性，进而全面释放治理数据的能效。基于数字治理体系在治理过程中实现进行精准的、及时的、动态的分析和识别，强化对治理对象、治理过程的态势感知，实现治理过程中的动态调整、快速反应，提升了治理的有效性。

3. 管服一体——提醒—调整—共识—成效的管理服务流程重塑

促进提醒—调整—共识—成效的管理服务流程重塑是协同治理的首要前提，是降低协同成本、提升协同效率、增强协同信任的重要支撑。管服一体的业务流程有效地将自上而下的强监管与支撑服务的强支持相结合，有力整合利用数据资源，构建起规范高效的系统生态，使业务数据不再仅仅是监督考核的依据，而是成为基层工作者业务执行的有效抓手。管服一体的理念主要从纵向跨层级、横向跨部门两个维度重塑服务流程、提升协同效率，其中主要包含风险提醒、资源投放及组织关系的调整，目标共识和协同成效释放等四大环节。

从跨层级的视角来看，业务数据的共享实现了信息传递的扁平化，不仅在降低沟通成本的同时有效提升了沟通协调的效率，而且有利于上级部门通过风险提醒，及时调整资源的下放和工作机制，优化管理服务的流程和落实机制，强化提升基层工作者的服务能力和服务意愿，促使上下层级达成共识，实现跨层级目标协同，充分提升协同信任。

从跨部门的视角来看，不同部门之间基于风险提醒及时调整组织资源的提供和组织间合作关系，完善跨部门协同合作机制，实现管理和服务有效衔接，促进组织间达成共识，围绕风险问题实现服务流程再造，有力破除协同困境，提升共治效率与服务质量。随着服务理念从监督管理到管服一体的转变，技术嵌入程度和业务流程也随之不断调整与优化，促使能力—意愿—目标一致的管理服务体系更加牢固，有效确保治理的适应性和稳定性。

4. 韧性治理——有效—高效—稳定—适应的基层治理体系重构

实现有效—高效—稳定—适应的基层治理体系重构是治理模式与效果的稳定持续和不断优化提升的重要保障，是韧性治理目标实现的关键要义。

韧性治理模式不仅可以充分释放数据治理效能，同时也有利于促进治理模式的创新。在治理理念上，传统的治理理念已无法高效适应当前经济、社会和科技的快速发展。从传统技术应用思路来看，部门之间传统业务系统处于碎片化状态，不仅对治理实践支撑的效果不佳、效率低下，而且缺乏标准统一的数据收集与应用标准，难以实现不同地区、不同部门、不同层级、不同业务之间的数据及资源的调配和有机整合。从传统管理模式来看，强调监督与管理的传统治理理念缺乏对"人"的关注，日益强化的刚性约束不但难以调动基层业务执行者的积极性与主动性，而且易激化管理者与被管理者之间的矛盾，难以实现治理协同。

在此背景下，数据治理成为加强政府治理能力、实现政府治理目标、提升政府治理效能的重要手段。韧性治理要求政府能够迅速、精准地识别关键问题，充分提升决策前瞻性和主动性，实现科学化决策，引导着治理实践充分利用数据治理的优势，充分提升治理的有效性、高效性、稳定性和适应性，这也是韧性治理目标所包含的四大要素。

适应性是实现"技术韧性"的重要基础，基于协同治理体系有效适应治理目标变化从而进行技术敏捷响应和迭代，形成了数据流动和内循环。有效性是达成"服务韧性"的首要前提，通过数字化技术实现态势感知，创新服务机制与政策，精准提升业务执行人员的能力与意愿。稳定性是保持"目标韧性"的有效支撑，通过形成牢固的组织体系和长效机制，促进管理者与服务之间的目标共识，有效应对治理过程中的突发冲击，确保治理的连续性和持续性。高效性是"制度韧性"的重要抓手，基于整体性目标整合有效资源，推动跨部门、跨层级以及组织与人之间的协同，推动治理目标的实现。

其中，有效性和高效性是韧性治理的基本目标，稳定性和适应性则是韧性治理的基本要求。围绕上述四大要素，"协同三角"治理体系依托协同共享的数据治理体系和相互支撑、相互联动的业务流程达成业务目标，实现韧性治理，反过来也通过协同治理韧性的提升进一步优化治理体系，不断提升"协同三角"的治理能力。

（二）"协同三角"的治理逻辑与内在机制

数字化平台是"协同三角"的运作的重要载体与实践底座，技术和服务分别是"协同三角"的重要抓手与指导理念，利用技术治理 MADE 和管理服务 MADE 两条路径，得以形成兼具适应性、有效性、稳定性和高效性的韧性治理。

在内三角中，数据和服务通过数字化平台协同，推动业务的转型升级；在外三角中，以态势感知为代表的技术应用和以目标协同为重点的管服一体共同增强治理韧性，韧性治理这一在顶层设计上的创新理念则直接驱动数字治理的展开与优化。从整体来看，围绕数字化平台协同，业务、数据、服务三者实现了相互关联与相互转化，满足了业务目标的要求，而数据外延所形成的生产—分析—驱动—能效的过程，为技术治理提供了有效支撑，服务外延所形成的提醒—调整—成效—共识的过程，为管理服务提供了强大助力，最终满足治理目标的需求。

1. 业务优化——数据为力、服务为先促进业务升级

在"业务—数据—服务"的内三角中，数据与服务是实现业务协同的关键因素。依托数字化平台协同，业务、数据和服务三者之间通过服务业务化、业务数据化、数据资产化、资产服务化构成一个动态闭环，能够不断促进业务、数据和服务之间的协同作用，进一步提高整体效率和质量，让数字化平台在不断发展和完善中，为实现业务目标和提高治理水平提供有力支撑。

一方面，数据在业务流程中承担着收集、存储、分析和应用的重要任务，通过数据的采集和分析，可以更好地了解业务状况，从而指导业务决策和调整；另一方面，服务则是将数据转化为有价值的洞察和实际应用的过程，为实际应用者提供优质的服务可以促进业务的优化。

与此同时，数据和服务相互依存，数据的准确性和及时性对服务质量有着重要的影响，以数据资产化、资产服务化的方式，将数据转化为有助于基层工作人员提升效率的资源财富，而服务的反馈也可以为数据的优化提供宝贵的经验，以服务业务化、业务数据化的方式实现更为精准有效的数据应用。因此，要实现业务协同，必须重视数据和服务的作用，以数据为基础，以服务为导向，不断提高业务运营的质量和效率，实现持续的业务发展。

2. 韧性治理——态势感知、管服一体增强治理韧性

在"韧性治理—技术—服务"的外三角中，以态势感知为核心的技术应用能够在数字时代的治理实践中快速捕捉并适应环境的变化，通过生产—分析—驱动—能效的方式形成技术治理的 MADE 路径，利用海量数据的价值应对多变的任务业务，以提升治理的适应性。目标协同则能够实现业务目标和治理目标的有效统一，将绩效考核的短期要求与社会治理的长期目标结合为一体，通过提醒—调整—共识成效的方式形成管理服务的 MADE 路径，增强基层工作人员的服务意愿及服务能力，以提升治理的高效性、有效性、稳定性。

首先，态势感知能够在环境的基础上动态、整体地洞悉安全风险，帮助管理者和决策者快速判断当前和未来形势，以做出正确反应，从而增强治理的适应性和高效性。其次，管服一体是协同治理中的重要元素，能够有效避免在组织运行和项目处理中的矛盾和冲突，降低不同层级之间、不同组织之间和不同个体之间的沟通成本，促进管理和服务一体化，增加和激励协同的积极性。最后，由态势感知和管服一体各自组成的 MADE 模型所形成的治理合力，为处于协同三角最顶端位置的韧性治理提供了强有力的支撑。

3. 数字驱动——平台建设、内外联动提升治理能力

"协同三角"通过建设数字化协同平台这一运行核心以及实现内三角与外三角的相互联动，进一步提高决策效率和质量，实现科学化决策，构建起内部融合、上下贯通、条块结合、部门联动的治理新局面。

从运行核心来看，数字化协同平台是内三角运行的重要载体与实践底座，同时为外三角的实现提供支撑和保障，尽管内三角所实现的业务目标与外三角实现的治理目标在意义内涵上有所不同，但二者的实现都依赖数字化协同平台建设所带来的内外联动效果。其中，以技术为内核的态势感知能够在数字时代的治理实践中快速捕捉并适应环境的变化，是联系数字化平台与外部环境的桥梁，在治理的适应性与有效性上发挥了重要作用，进而提升治理的韧性。

从内外关系来看，外三角的路径理念为治理工作明确了核心逻辑与框架设计，内三角的数据流转为治理工作提供了数据来源，使数据能够在不断更新中达成赋能基层治理的作用。外三角是内三角数据处理手段的理念

支撑和目标期望，内三角是外三角服务创新理念的实践载体和具象表达，两者相辅相成、相互促进、相互联动，进而不断提升政府治理能力。

（三）协同三角的理论价值与实践优势

1. 理论价值

（1）推动技术与治理关系重塑

协同三角推动技术与治理关系的重塑，呈现技术与治理之间双向驱动、融合生效的特点。针对技术与治理关系的探讨，现有数据治理理论模型主要分为技术导向和治理导向两大类型，但二者都存在将技术与治理视为"主动与从动"的倾向，常常强调技术驱动治理或治理引领技术。

具体而言，技术导向的模型通常放大数据技术在基层治理中的作用，更加强调硬件设施建设和软件功能开发在数据治理建设中的作用。然而，技术导向模型时常忽略数据技术与基层治理需求之间的匹配程度，造成技术导向模型在应用时出现技术和业务"两张皮"的问题，数据技术应用的适应性低、有效性低，从而陷入"技术决定论"的牢笼之中，出现技术应用并不能带来高效治理实践的难题。

与之相反，治理导向的模型则对脱离治理实践需求而盲目进行数字化转型的冲动保持了相当的警惕，并主张"技术跟着治理走"，强调技术逻辑对治理逻辑的单向遵从。然而，治理导向模型轻视甚至忽略了数据的"思维"能力，阻碍了数据技术与治理场景的组合、分析、应用及数据治理价值的进一步释放，数据技术应用有效性差。

有鉴于此，"协同三角"中的技术 MADE 模型提出数据治理的态势感知能力，技术与治理相辅相成、渗透融合、双向激活，有效支撑基层韧性治理实践。治理实践的需求为数据技术工具的应用提供方向，数据技术工具的升级则为基层治理的转型提供支撑。物联网、数字系统平台等多元化数字技术，在需求牵引之下与基层治理场景有效融合，并在 MADE 循环中不断适应治理场景与实践需求的变化，对治理场景、治理对象、治理过程、治理效果有充分的态势感知。工具理性与价值理性在各环节上动态交互，通过有机融合发挥数据实效、促进组织革新，提升数据治理的适应性与有效性，最终实现基层治理实践中的韧性治理。

（2）牵引管理与服务关系再造

"协同三角"牵引管理与服务关系的再造，呈现管理与服务之间相辅相成的特点。学术界对基层数据治理建设多关注于数据技术应用的工具性，讨论办公自动化、数据大屏、知识库等数据技术应用为基层治理实践者提供的便捷性、快捷性。其建立在科层制中上传下达、逐层考核的治理体系之上，强调基层治理参与者回应治理目标的效率与能力。虽然国内一些数字治理实践已经在讨论数据技术应用对于治理体系的再造，如数据治理实践强化基层治理诉求回应的效能[1]，数据技术应用带来"自下而上"治理目标并提升社区治理效能[2]。

然而这些技术赋能治理的实践没有解决基层治理工作者的治理工具少、治理资源少的问题。由于数据技术等各项治理资源没有充分下沉至基层，治理实践仍面临繁重治理目标与有限治理能力之间的张力，数据技术在基层治理的应用价值未得到充分释放。现有理论在基层治理能力与赋能基层治理的讨论上存在空白。

"协同三角"中的服务 MADE 立足于"服务基层治理"的核心，重塑层层流转、层层考核的模式，打造扁平化的网络型高效协同模式。服务 MADE 一方面强调数据技术提升基层治理能力，提升基层治理效能；另一方面通过能力—意愿—目标一致的体系，重视上下级在治理目标上的协同，降低上下级间协同成本，有效应对治理中突发的冲击，确保了治理的稳定性。服务 MADE 在"服务基层、上下协同"的牵引下和数字化协同平台的驱动下，推动信息、数据在治理部门间流转，全面提升纵向间、横

---

[1] 顾丽梅，宋晔琴. 结构嵌合与关系重塑：数字技术何以有效赋能城市基层治理——以 S 市 Z 街镇"一网统管"为例[J]. 四川大学学报（哲学社会科学版），2023（6）：31-41，187-188.

[2] 金筱霖，王晨曦，张璐，等. 数字赋能与韧性治理双视角下中国智慧社区治理研究[J]. 科学管理研究，2023，41（1）：90-99.

向间部门治理协同能力，打造整体性基层治理体系，确保基层治理的高效性。

（3）驱动韧性治理理论发展

"协同三角"中的技术—服务—治理模型为韧性治理提供重要理论进路。"协同三角"为数据时代基层治理形态提出新目标——实现韧性治理。在变革加速的时代，社会环境多元化、社会风险多维化对治理体系提出了更高的要求。数据时代的基层治理体系需要更为敏捷地捕捉治理场景与需求的变化，并迅速作出精准决策以自我迭代，从而适应不断更新的治理目标与治理需求。韧性治理成为数据时代下新的治理目标，即实现技术韧性、服务韧性、目标韧性、制度韧性，全面提升治理组织的适应力、抗风险能力、复原能力。

"协同三角"为数据时代基层治理建设研究提出新路径。在技术—服务—治理三角模型中，技术治理的运用提升治理适应性与有效性水平，管理服务的理念革新在于稳固治理格局并提高治理效能。立足技术与服务两大支点，技术治理与管理服务相融共通，实现技术韧性、服务韧性、目标韧性与制度韧性，推动韧性治理的实现。"协同三角"中的韧性治理目标的提出，为态势感知、目标协同的探讨，以及基层治理理论研究与发展进路提出了新议题与新方向。

2. 实践优势

（1）回应基层治理实践需求

"协同三角"基于实践经验提炼，基层治理实践与应用场景广泛，具有较强的普遍性和推广性。近年来，随着城镇化的快速推进，城市治理需求的日益多元与复杂。应对这一治理局面，治理体系需要对治理需求更具适应性与回应性。"协同三角"背后的实践基础是数据赋能河长制"有名、有实、有能、有效"的漫长探索，蕴含其通过"干中学"和"学中干"实现从无到有、从0到1的转型故事，能为数据治理基础薄弱甚至毫无基础的实务部门提供良好的经验参考，具有较高的可复制性。

当前国内涌现了一批基层治理创新实践，旨在回应新时代城市基层治理的新需求。例如,"接诉即办"模式以居民诉求为中心,将自上而下的压力传递改为自下而上的"诉求驱动",以进一步激发基层治理活力。然而"接诉即办"模式仍然依赖自上而下的考核压力以推动基层治理执行,基层在自下而上的治理链条上仍承担了大部分实际工作与考核压力。[①] 短期内,"接诉即办"有助于缓解基层治理压力,获取较高层级部门的行政资源支持,增强基层治理灵活性与适应性。然而在长期发展中,这一模式可能致使基层部门因回应考核压力形成治理扭曲,治理灵活性与适应性再度受限。

"协同三角"回应了当前中国基层治理实践中的制度韧性不足的难点,同时为当前基层治理模型中的不足与痛点提供了解决方案。"协同三角"充分认识了现代城市治理体系下基层治理工作者的行政资源不足、治理压力繁重的现状。"协同三角"强调以"能力"与"意愿"双重维度理解基层治理工作者与基层治理效能,在考核基层执行的同时,以资源下沉服务基层,提升基层治理能力与治理意愿,达到赋能基层治理的目标。数字化平台使数据在部门之间流动,促进部门之间协同,达成纵向间、横向间的能力、意愿、目标的一致。数字技术的态势感知配合管理服务的治理思维,协同三角以赋能基层、部门协同提升了治理的适应性、有效性、稳定性、高效性。

(2)延展纵向治理实践应用

在纵向上,"协同三角"构建了数据技术应用下韧性治理要素完整的管理体系与实施路径,在不同层级环境治理经验应用上具有延展性。"协同三角"是一个包含理念与实操的中观模型,既能启发基层河长制工作或其他生态环境治理工作,也能向上延伸至省级和全国的工作。

既有的数据治理模型通常呈现两种倾向:一种倾向是从数据治理的本质出发,提出宏大的理论命题,并对其中的关系、结构、价值等进行探讨,这种倾向虽有助于提炼数据治理的底层逻辑、关键理念与核心价值,

---

[①] 于文轩,刘丽红. 北京"接诉即办"的理论基础和发展方向:敏捷治理的视角[J]. 中国行政管理,2023,39(4):38-45.

但难以为实务部门提供一套"接地气、可应用"的操作方法；另一种倾向则是从数据治理的操作流程出发，详细阐述数据治理全周期的细节，这种倾向虽有益于实务部门的学习模仿，却因复杂度过高而难以提炼出关键理念与核心价值，即使推广出去也有"授人以鱼"而非"授人以渔"之嫌。

"协同三角"既强调模型背后的治理逻辑，阐释其价值属性，又提出支撑治理实践的技术体系，分析其工具属性，更提供一条线索清晰的实施路径，为实务部门提供可模仿、可学习、可借鉴的操作规程。通过"协同三角"，实务部门可以在治理理念和技术体系的指引下，依据本部门的组织目标、组织职责、组织架构等实际情况制定与自身高度适配的实施路径，实现数据治理的转型。

（3）创新横向治理实践思路

在横向上，"协同三角"从实务部门的实践而来，其背后的模型与理念可以应用于更加广泛的业务领域。如前文所述，学术界与实务界提出了诸多颇有洞见的数据治理模型，但这些模型对于实务部门的效度仍有待考究。一方面，学术界的讨论虽从治理实践出发，但大多仍停留于规范分析层面，提供学理方面的解释，其理论与实践之间的匹配程度还需要直接的实证经验；另一方面，实务界提出的模型虽贴合治理实践，但大多将适用对象聚焦于政务服务数据中心、图书馆等数据管理部门而非业务部门，这也抑制了模型的解释效度。

与之不同的是，"协同三角"由业务部门结合其数据治理的探索经验提出，并经过了一定时期的实践检验，取得了良好的治理成效，具备较高的可推广性。与此同时，"协同三角"既强调实践中的经验，也强调实践背后的治理逻辑和价值属性，对"协同三角"推动技术与治理关系的重塑、牵引管理与服务关系的再造，以及依靠技术—服务—治理模型为韧性治理提供重要理论进路是三个重要层面，能为其他领域的治理形态提出新议题与新方向、新思路和新目标。

三、"协同三角"的实施路径——"如何实现"

（一）理念先行：迈向韧性治理的思维转变

思维决定意识，意识决定行为，行为决定结果。为应对数据时代的治理挑战，首先要转变思维、革新理念，构建数据赋能、服务协同、韧性治理"三位一体"的理念共识，理念先行与实践至上并重，将新的治理理念贯穿数据时代治理的全过程和全领域，推动业务需求层面的变革与创新。

1. 数据赋能：用活大数据，驱动治理智能化

在技术方面，新一代数字技术的蓬勃发展推动治理理念向数据赋能转型。在信息时代，数字化转型的核心目标和首要任务是整合信息基础设施，构建平台支撑体系，畅通服务渠道，夯实治理转型的"底座"。随着数据时代的到来，大数据、人工智能等新一代数字技术快速发展，"数据"成为新型生产要素，治理理念的重心从平台建设转向数据赋能。

作为数字化、网络化、智能化转型的基础，数据正深刻改变着数据时代的生产方式、生活方式和社会治理方式，为社会治理提供了新的发展基础和动力机制。因此，充分发挥数据的基础资源作用和创新引擎作用，推动数字技术与治理环境的深度融合，打破赋能壁垒，已经成为数据时代下破解基层治理困境、提高治理效能的重要手段。

在数据赋能治理理念的牵引下，治理方式应从经验驱动转向数据驱动。公共部门要加快推动政府数据、公共数据和社会数据的多元汇集，加速区域、空间全场景的数据化，对海量数据资源进行深度、有序、扁平沟通的互动理念的开发利用，为有效处理各类问题提供新依据。在此基础上，需要运用大数据理念和意识创新决策机制，通过数字世界协助物理世界高效、有序的运作，最大化挖掘数据价值，全面提升用数据说话、管理、决策和服务的能力，实现以数据驱动决策、服务、执行和监督，为各领域的数字化转型提供全面支撑，构建数据治理的新形态。

在广泛运用数字技术的同时，也要防止"唯技术论""数据迷信"的倾向，不能把技术逻辑作为解决一切问题的准则。数字技术始终无法替代人在治理中的价值判断和真实感受，数字技术的实施效果也受到制度、组织、治理模式等因素的制约。技术应用的深层目标是助推服务和治理维度的转型，以技术嵌入促进价值重塑、结构再造和决策优化，实现理念、技术、制度的有机统一，推动组织形成基于数据与算法的"双驱动"治理模式，建立更加精准、实时和前瞻的智慧治理体系，塑造更具韧性、适应性和灵活性的治理运行机制，提高治理效能。

2. 服务协同：回归人本位，增强基层能动性

在服务方面，治理理念正从监督管理向服务协同转型，更重视基层工作者的能动性。随着数据时代的到来，以行政和政治控制为主的管制型治理模式不再适应多元化的社会现实，社会治理模式开始注重管服并重，强调刚柔并济。多元主体的合作治理模式要求部门重新审视自身功能和定位，重塑管理者与被管理者之间的关系，同时也呼唤治理理念向更加"以人为本"的方向转型。

基层治理实践中发现的真问题和面临的真困境是驱动服务侧治理理念转变的根本动力。基层治理是国家治理的基础性环节和重要场域，基层工作者是协同治理体系中的关键一环，其履职意愿和履职能力与治理效能息息相关。基层位于行政体制的末端，既面临来自上级的任务和指标，又直接面对公众的利益诉求和服务需求，这导致基层工作者面临"上面千条线，下面一根针"的现象，工作面广且工作内容复杂。

在数据时代的变革浪潮下，基层治理的实践面临原始信息碎片化、信息处理过程封闭化、数据质量良莠不齐、数据标准不统一等多重梗阻。此时，组织结构庞大、条块分割、信息传递链条过长的传统科层制难以满足数据时代的治理需要，以命令和控制为主要手段的传统管理模式也无法帮助治理者摆脱治理困境，亟待通过上层理念革新牵引业务和需求的调整，倒逼治理理念向服务和协同的方向转型。

在服务协同的治理理念的牵引下，实务部门将更少强调等级控制和直接干涉，更多为基层工作者提供帮助，倡导服务精神和公共责任，建立横宽纵短的扁平化治理体系，以服务驱动协同，充分释放基层治理效能。

3. 韧性治理：顺应时代潮流，追求治理韧性

在技术维度和服务维度的双重驱动下，韧性治理成为数据时代治理转型的新导向和新趋势。随着数据时代的到来，社会环境的动态性、复杂性和不确定性大幅增加，刚性治理的精准性和风险社会的流动性之间存在内在矛盾，科层制刚性治理的局限性和脆弱性日益凸显，亟待转向韧性治理理念，建立一种更具有适应性和稳定性的治理结构。

在数据时代，多元化的数字应用场景赋予了"韧性治理"理念更加丰富的释义和内涵。在技术维度，于大数据、人工智能等技术的支撑下，基本上建成了精细化服务感知、精准化服务识别、网络化行动协同的基层治理体系，有助于政府迅速识别关键问题，实现科学化决策，并有助于进行执行效果的动态评估与执行调试，可以持续释放韧性治理能力，形成了治理韧性的基础能力。在服务维度，韧性治理的主要特征是治理结构内部强力的社会合作，即通过政府的包容性和服务性激发多元主体的凝聚力，建立起治理主体的信任框架、伙伴关系和环境适应的主动性，最终实现压力应对的适应性和治理系统的稳定性。

总之，面对数字时代具有高度复杂性、不确定性和复合性的现代社会风险，在韧性思维和韧性信念体系的牵引下，政府要把握技术和服务两条脉络，在技术的刚性和治理的柔性之间寻找平衡，培育数字韧性。

（二）一个载体：数字化协同平台

数字化协同平台在协同三角中有着不容忽视的重要作用。它作为协同三角模型的实践载体，起到了落实治理理论并赋能基层工作的关键作用。数字化协同平台不仅是一个汇集和整理数据资源的平台，更是能够实现数据驱动治理流程的平台。

在协同三角模型中，数字化协同平台能够为业务部门提供高效的业务服务，实现数字化服务的全面覆盖和精准落地。数字化协同平台的作用不局限于数据驱动治理优化，它还可根据业务需求优化数字平台的服务和数据流，体现了业务驱动系统优化的治理升级路径。

同时，数字化协同平台也成为促进不同部门之间协同合作的重要枢纽，推动了信息和资源的共享，实现了工作的高效运行。在数字化协同平台的推动与支撑下，"协同三角"中的技术理念和服务理念得以真正落实到实际治理中。这种数字化协同的治理具有更强的韧性，可以形成动态的治理优化路径，从而最终实现更高效的治理流程，在未来，数字化协同平台的作用将会更加显著。

1. 业务数据化：数字化协同的实现基础

业务数据化是将实际的业务流转变成虚拟数据的起点，其通过业务留痕和沉淀数据等方式，对信息进行预处理。具体而言，就是将业务流程、事项等通过数字技术或系统建设转化为数据库。在这个平台上，不同业务部门可以共享信息数据并协同处理业务流程，提高业务处理效率和质量。

建立统一的数据处理方式和数据统计数据库，可以使业务部门快速提取数据和信息，并对数据进行多维度组合查询，生成个性化的台账，进而为后续业务的开展提供决策依据，在精准数据分析为业务决策提供支持的同时，也可以推动业务的高效和精准发展。业务数据化不仅为业务部门提供了一个高效的工作流程，还确保了业务开展过程中产生的数据被准确地记录和统计，形成一个完整的流程闭环，提升业务数据的质量和效率。这种数字化的方式可以应用于各种业务部门的工作流程中。

2. 数据服务化：数字化协同的创新导向

业务数据化后更为重要的一步是将数据服务化，也就是使数据库转化为有助于基层工作者的服务，进而实际提升工作效率。

其中，第一步是数据资产化，具体而言，数据资产化就是将业务过程中产生的海量数据进行整理与分析，最终归纳为各类数据资产，以提高数据治理水平和效率。这类数据资产能够为业务部门的监测和评估提供支持，从而帮助相关部门更好地制定政策规划。进一步说，数据资产化对汇聚后的无序数据进行规范化管理，筛查低质量数据、将更新不及时的数据及时清理，并将来自多个系统的数据整合成一个统一的数据池或数据仓库。经过这一步骤，数据不仅被系统地整理和优化，而且成为可以为业务部门监测、评估和决策提供强大支持的数据资产。这些资产能够推进部门间的信息共享与交流，为整体的协同治理提供坚实的基础。在实际业务场景中，数字化平台起到了至关重要的信息载体作用，它为数据资产的高效传递创造了便利条件，并提升了工作效率和质量。

数据服务化的第二步便是实现资产服务化，是使整理好的数据资产可以向外提供数据服务，如提供数据接口、数据共享等。在实际业务场景中，数字化平台作为信息载体扮演着至关重要的角色，为数据资产的高效传递和利用创造了条件。这种服务可以根据不同业务线的需求，为业务部门提供经过整理的数据资产以及相关的流转系统。将资产转换为服务，可以为基层领导干部提供必要的数据支持和决策依据，使其在各自工作领域中更加游刃有余。在资产服务化过程中，多部门可以实现数据共享与协同协作，从而避免"数据孤岛"。这种有序的数据利用和管理有利于实现跨部门间的高效协作，为开展业务提供强大后盾。

3. 服务业务化：数字化协同的应用场景

数字化协同平台在提供服务时充分考虑了基层官员的业务场景，通过对其需求进行深入梳理和了解，实现了服务的业务化。只有在充分了解其工作中面临的具体问题，并以此为基础调整数字化服务方案，才能为其提供更加切实可行的数字化服务，提高治理工作的效率和质量，避免资源浪费和信息传递的失误。

平台通过与基层领导干部的深入沟通和合作，不断优化数字化服务，才能够真正发挥其平台的作用，最终推动治理工作的高效运行，数字化协同平台的服务业务化也将成为未来治理工作中不可或缺的支持和推动力量，并致力将自身价值外溢至更多相关业务，实现平台的广泛支撑。

第三章
数据时代的治理之道：技术、服务与韧性

通过对数字化协同平台服务进行业务层面的优化，可以使平台服务产生更大的价值，并为基层领导干部提供更加便捷、高效、精准的数字化服务，这样也能实际提高平台服务的质量和效率。在治理工作中，平台优化后的服务能够更好地满足基层领导干部的实际需求，使其在数据录入、信息流转和业务处理等方面更加得心应手，从而实现治理工作的高效推进。

例如，在数据录入时，河长画像能够为上级部门提供更为精准且直观的治理信息；在信息流转中，水利设施画像可以迅速地呈现设施的状态和工作情况；巡查统计则可以进一步量化基层工作人员的巡查情况，为领导干部提供直观的数据和统计，并实现治理工作的高效推进。更为重要的是，在统一的信息系统上进行业务优化可以在不打破原有科层体制的前提下，通过信息化的线性联动模式，突破传统信息传递的壁垒。这种新型数据共享方式，为各部门间的协同与合作提供了有力支撑，消除了"信息孤岛"，实现了信息的全面共享和协调处理。基于统一的信息系统，各部门能够快速获取全面的数据支持，提高决策的准确性和实时性，有效缩短了治理工作的反应时间，增强了治理的整体协调力，可见，数字化协同平台在业务治理方面发挥了至关重要的作用。

平台将数据作为核心元素，通过在各个环节中实现数据的录入、共享与流转，促进整个业务流程的高效运转，从而提高了业务效率，并发挥了数据驱动治理的优势。在此过程中，数字化平台以满足实际的业务需求为核心目标，运用先进的信息技术和大数据思维，将业务需求转化为数据和技术优化的驱动力。这种以业务需求为导向的驱动方式，使平台能够在技术与数据处理层面不断进步，从而确保平台的功能和服务能始终与业务需求保持同步，实际助力治理工作的优化和提升。

"协同三角"中的内三角很好地实现了业务数据化、数据服务化和服务业务化的融合，这一融合推动了实际治理工作从技术与服务两个方面进行优化，形成了具有韧性的治理策略。这种韧性治理策略可以更加灵活地应对各种复杂的治理任务，有效抵抗潜在的变数和风险，同时在持续优化的基础上提高治理效果。

更关键的是，这种能够把技术与服务相结合的"协同三角"框架将各方面资源以有机的方式融合在一起，使治理工作在数字化平台的支持下，变得更加高效、精确和可靠，从而确保了治理工作的顺利展开和成功实施。整体来看，数字化平台在推进治理方面发挥着关键性作用，通过高效运作与业务需求紧密结合，为治理工作提供了强大的支撑和动力，并实现了业务部门之间的协同合作。

（三）两条路径：技术治理与管理服务 MADE

要想实现韧性治理的终极目标，需要分别从技术和服务两端出发，将技术治理 MADE 和管理服务 MADE 作为两条基本路径。从两条路径的特点特征来看，由于起点不同，两条路径的侧重点也有所不同，具体而言，在基本环节、价值取向、实现成效等方面均存在分异；从两条路径的关系来看，技术的应用为管理服务模式的变革提供根本支撑，服务理念、架构的创新，进一步深化技术的应用，两条路径缺一不可，相辅相成，最终有效提升治理韧性。

1. 技术治理 MADE

（1）生产—分析—驱动—能效的数据赋能路径

在技术侧，MADE 路径旨在通过数字技术的运用，以生产—分析—驱动—能效的逻辑闭环，进行外部环境变化的实时准确的捕捉，从而做到对治理对象、治理过程的态势感知。具体而言，技术治理 MADE 包括数据生产、数据分析、数据驱动和达成能效四个环节，强调对数字技术的运用以及对数据价值的挖掘，给数据赋权，让数据赋能。

数据生产（Manufacture）：在数据治理的过程中，体量巨大、类型丰富、更新频繁的数据被源源不断地生产出来，为治理实践提供丰富的数据资源。全量采集数据有利于捕捉到宏观环境中的微观变化，为实现态势感知、提高治理的适应性奠定基础。但需要指出的是，这些来源复杂、非结构化的数据通常呈现低价值密度的特征，需要经过一定的加工和处理才能发挥实际效能。

因此，数据的生产应以业务为导向、以赋能治理为目标，通过建立高效、稳定、规范的数据采集工具，实现数据完整、准确、及时的多源采集，并通过数据资源梳理编目、数据处理、数据加载等流程形成高质量的数据集，为后续的数据分析应用打下基础。同时，还需要通过建立保障有力的组织架构、制定规范统一的数据标准、优化分级分类的数据存储体系、完善全周期覆盖的数据管理、健全风险防范的数据安全体制机制等举措助力数据的完备、持续和有效生产。

数据分析（Analysis）：在获得结构化、高质量的数据集后，数据分析需以问题为导向，对接具体的业务应用场景，对业务需求进行评估、审核和响应。同时，通过对全面数据、定点数据的有效挖掘与分析，识别出数据潜在的质量问题或管理缺陷，并据此进行数据结构的调整、完善与优化。

在完成需求分析和数据质检的基础上，结合具体的业务需求构建数据模型，导入相应的数据集，开启数据分析的核心关键环节，其间需做好数据模型的管理维护和数据的定位追溯工作。在上述过程中，应当注意促进技术语言和业务语言之间的有效沟通，通过数据应用和结果输出等评估数据分析的信度和效度。

数据驱动（Drive）：数据驱动是指利用技术手段对治理过程进行监测、识别和预警，并针对出现的各级各类问题提供解决方案，最终应用于实际问题的解决。一方面，技术手段能够辅助提升决策和执行的精确度，促进组织机构的积极履职和公共服务的优化提升，从根本上提高治理有效性；另一方面，在数据驱动下，管理者和决策者能够准确预判形势并有效应对，提高对复杂变动的环境的适应性。

在数据治理的过程中，数据分析的各个环节和最终结果又将给予管理过程积极的反馈，反过来促进业务流程的优化、组织架构的调整、制度规范的健全、跨部门间的协同等，促进组织机构形成可以长期利用、覆盖常规与非常规问题的治理经验，最终实现"治理为技术赋权，技术为治理赋能"的优良成效。

达成能效（Efficiency）：在数据驱动和技术赋能下，治理能力向治理效益转化，业务场景得以落地，实际问题得以解决，治理实践收获成效。需要指出的是，这种效能不仅体现在组织机构的职责履行和服务提供过程中，更反映在组织机构治理能力和治理体系的现代化转型之上。换言之，效能达成具有外部治理和内部治理两种面向。

更进一步地，在达成能效的同时，数据得以再生产、再更新、再利用，并对前端环节予以反馈，驱动新一轮的数据赋能循环。在技术治理MADE 路径的良性循环下，长效机制逐步建立，技术体系不断迭代，组织机构的治理能力和治理体系日益提升并逐步走向现代化。

（2）应用导向的数据治理与价值应用

在数字化转型的浪潮之下，数据产生与应用的各行各业都在思考大数据深化应用的"破局"之道。面对来源广且杂的"数据汪洋"，如何融会贯通海量数据并发挥赋能治理的价值，是包括政府部门、私营企业在内的各类组织机构都必须解决的问题。当前，数据治理存在数据价值密度低、应用深度不够等短板，跨行业数据融合更是难上加难。若仅仅寻求技术层面的突破，而没有从源头入手，解决现实中的痛点难点堵点问题，则难以形成从问题快速发现、精准定位原因，再到问题处理与解决的闭环式数据治理体系，数据价值发挥有限。

非应用导向的数据治理是缺少灵魂的，数据用不起来、动不起来、活不起来，也就失去了价值。数据治理应让数据尽可能服务于决策，实现数据的增值。因此，贯穿数据治理全过程的一大关键是必须坚持应用导向，实现技术与业务场景的深度融合，避免出现技术与业务"两张皮"的问题。

在数据治理的各个环节，均需坚持对应用导向的强调。例如，数据的生产要与业务目标相结合，数据分析需要对业务需求进行评估、审核和响应，数据驱动要紧紧围绕实际问题的解决，最终在实际应用中达成能效。只有应用驱动，用治协同，抓主要矛盾，才能够充分发挥数据价值，释放治理效能。

2. 管理服务 MADE

（1）提醒—调整—共识—成效的管服一体路径

在服务侧，MADE 路径旨在通过理念的转变与举措的调整实现目标协同，以提醒—调整—共识—成效的路径，促进管服一体体系的建构，将管理者需要的资源、能力、机制下沉，将被管理者的负面意愿转变为正面意愿，形成良性互促的管理机制，最终达成治理成效。具体而言，管理服务 MADE 包括提醒、调整、共识和成效四个环节，强调刚柔并济、管服一体的服务导向，让资源下沉，让服务赋能。

提醒（Mind）：在压实基层履职责任方面，监督、考核、问责等一直是行之有效的管理手段，但在一味强调监管的高压态势之下，被管理者容易产生逆反情绪，引发敷衍应对等一系列问题，最终对治理产生反效果。提醒是指在发现、识别履职不力、整改不及时不到位等各类风险问题后，通过各种方式、手段进行提醒提示，例如印发提示函、口头谈话等。

事后问责，亡羊补牢，损失和影响无法挽回；事前提醒，预防在先，体现了对被管理者的关心和爱护，同时能够有效对冲管理风险。在日常监督中及时发现并指出苗头性、倾向性问题，坚持"警示提醒在前、严肃问责在后"的原则，能够做到早发现、早制止、早纠正，防止小问题扩大，有助于确保履职成效，切实提升治理韧性。

调整（Adjust）：在真正达成"有行动力"的共识前，首先需要调整、重塑管理者与被管理者之间的关系，以相对平等的协同关系取代等级分明的科层关系，为实现目标协同打下基础。具体而言，管理者可从以下两个方面举措入手：一是从被管理者的角度出发落实服务措施，针对基层工作人员的意愿与能力，将资源、能力、协同机制下沉，赋能基层韧性能力；二是动态调整及选取技术工具，为基层履职提供便利性，全力做好后盾保障工作。

在感受到服务、信任的氛围下，达成共识的成本大幅降低，仅运用较小的"调整幅度"，就能提升基层工作人员的履职积极性，从而自然地影响其态度、行为。在有"服务"成分的底层逻辑上，双方实现协同，管理方"调整"有温度，管理对象的"调整"幅度和主客观难度都将降低。

共识（Deal）：治理目标实现的必要条件和重要前提是管理者与被管理者之间能够达成有行动力的共识，关键在于让被管理者在客观能力上"能"治，在主观意愿上"愿"治，从而激发被管理者的治理原动力。在服务理念方面，突出与强调"服务服务者"的理念；在服务举措方面，深入贯彻服务的"柔性"，将层层流转、层层考核的刚性模式调整为更容易让被管理者接受的提醒、培训。这在某种程度上改变了传统金字塔自上而下的科层制，增加了被管理者对实现业务目标、治理目标的信念与信心，从而让被管理者更容易接受上级下达的任务，产生内生协同的动力，积极参与协同链条。

成效（Effect）：服务是对冲管理和被管理矛盾的核心的定位，服务是从"末端单纯考核"走向帮助工作人员提升履职意识乃至主动履职、提升履职效能的不二之路。在服务驱动下，基层工作人员得以从被动履职、被管控的繁杂和考核问责压力中解脱出来，加入"目标协同"的链条，有助于形成扁平化、更有治理成效的高效协同模式。

一方面，能力—意愿—目标一致的体系使组织变得牢固，能够有效应对治理中突发的冲击，确保了治理的稳定性；另一方面，服务促使管理者更加关注整体被管理者的动态及成效，从而将有限的资源集中起来实现治理目标，推动信息、数据、人员动态的快速流转，促使组织体系运行通畅无阻，确保了治理的高效性。

（2）服务导向下"能力—意愿"驱动模式

随着治理环境的日益复杂，推进多方协同共治成为治理的一大重要命题，但协同治理的实现离不开多方力量的配合：一方面，参与者必须具备治理的能力；另一方面，参与者要有足够的动力与意愿。理论和实践表明，资源不足、共意匮乏往往是基层业务部门产生协同困境的重要原因。尤其在监督考核等制度之下，刚性约束不断强化，管理者与被管理者之间的矛盾冲突极易激化，基层工作人员往往对协同目标认识不足、意愿欠缺。

在此情形下，以服务为导向助力协同显得尤为重要。服务导向强调的是服务"服务者"，通过在刚性管理制度中融入如履职提醒、培训等柔性手段，刚柔并济，形成韧性，站在被管理者的角度推进管理措施的调整，实现"管理无感，服务有感"。

服务导向的管理举措能够有效解决技术应用过程中对"人"欠缺关注的问题，弥补刚性管理举措缺乏的温度，使协同三角具有抗风险、抗不确定性的自适应能力。

同时，服务导向的管理也能显著提高治理的高效性和稳定性。一方面，从治理整体性出发，将有限的资源集中起来实现治理目标，提升被管理者的能力和意愿，有效聚合治理能量；另一方面，破除科层关系，形成相对平等的协同关系，创造一个目标一致、流程明确的高效协同环境，减少组织内部冲突。

需要强调的是，由能力—意愿构成的服务体系作为协同机制的动力来源，可以说是韧性治理的底层逻辑，能够与任何外部环境、业务目标相组合，具有发展的延续性和适应性，实现对多元治理的赋能。

（四）四个阶段："协同三角"的落地

1. 起步——需求牵引，搭建数据治理与管服一体体系

嵌入实践场景，识别业务需求。如果说韧性治理是协同三角模型的终极目标，那么业务需求则是协同三角模型的原始驱动，于实务部门而言尤甚。只有当协同三角模型嵌入具体的实践场景，并识别出显露的或潜在的业务需求之时，技术治理 MADE 与管理服务 MADE 的进程才能自洽运转，实现数据资源的生产、集成、流转和价值挖掘以及面向基层的能力、资源下沉，最终为组织机构的公共履职提质增效。需要明确的是，需求牵引，关键在于找到需求所在，即找到开启韧性治理进程的核心密钥。

从"协同三角"模型的顶点——治理视角来看，需求既可以是来自上级部门的政策传递或精神指示或下级部门的政策建议或业务反馈，也可以是来自社会公众的意见诉求。此外，在与其他同级实务部门的沟通交流之

中，组织机构能够通过组织学习的方式习得有益经验，并结合自身治理的实际情况来挖掘潜在的业务需求。除外驱的需求识别机制外，组织机构也可以充分发挥能动性和自主性，通过自主探索的方式识别实践场景中的业务需求。

从"协同三角"模型的另外两个端点——技术与服务视角来看，组织机构通过对数字技术的有力应用和对管理措施的反思调整，能够挖掘出"潜藏于表面之下"的业务需求。例如，在对数据资源进行梳理编目、清洗潜移和管理存储的过程中，组织机构或将发现标准不统一、方式不规范、系统不兼容等问题，这背后反映出的是各数据生产源存在管理漏洞，进而提示组织机构评估那些可能存在于数据生产环节的业务需求；在对基层工作人员进行调研的过程中，组织机构能够意识到冰冷强硬的监督管理措施带来的反抗、敷衍等一系列履职问题，正视基层治理的困境，进而积极调整管理方案与措施，助推工作人员能力与意愿的提高。

2. 深化——应用至上，场景与结果导向提升运行效能

构建解决方案，推动落地应用。数据治理并非"炫技治理"，实践应用、解决问题是"协同三角"模型的基本目标。在识别出实践场景的业务需求后，组织机构就需要找出需求背后亟待解决的核心问题，并根据核心问题的性质和类型构建出合理可行的解决方案，最终落地实施，应用于治理实践。根据"协同三角"模型，技术的应用以数字化协同平台为载体，通过业务数据化、数据资产化、资产服务化、服务业务化的循环流程，充分释放数据价值，发挥技术应用能效。

"数据—服务—业务"的内三角能够实现业务流转和组织架构的双重转型变革，畅通技术治理 MADE 与管理服务 MADE 两条基本路径，形成合力实现韧性治理的终极目标，最终促成"技术—服务—韧性治理"的外三角的良性运转。综上，从技术和服务两侧出发，解决方案应包括技术解决方案和管理解决方案两种。无论是技术解决方案还是管理解决方案，都应当坚持应用至上的原则，实事求是，落到实处，进而实现"能用、有用、好用"。

构建技术方案，让数据流动起来。在技术深化应用的过程中，尤其要注意与业务场景紧密结合，并坚持实现业务与治理目标的结果导向。首先需要将业务需求和核心问题转化为技术语言，再由技术人员结合现有的数据资源和技术系统进行分析、评估，进而构建出适配的数据模型，并再次将技术语言转化为业务语言，以供业务人员理解参考。在此过程中，尤其需要注意做好技术人员与业务人员的双向沟通，促进技术语言与业务语言的有效转化，避免出现技术与业务之间"两张皮"的问题。

调整管理方案，让体系运转起来。由于技术与治理之间呈现相辅相成、相互渗透、相互影响的关系，技术方案的落地应用离不开治理（管理）方案的有力支撑。通常情况下，既有的传统管理措施无法满足新场景、新需求和新应用的需要，也不蕴含数据治理的属性和意涵。因此，组织机构需要重新制定与业务需求和技术方案高度匹配的治理（管理）解决方案，并将其纳入常规的业务流程和部门管理，以实现治理链条的发展完善和空白填补。无论是技术解决方案还是治理（管理）解决方案，都应当坚持应用至上的原则，实事求是，落到实处，进而实现"能用、有用、好用"。

3. 赋能——"用户思维"，突出技术与服务的赋能价值

秉持用户思维，立足治理基点。在技术方案和管理方案落地实施后，还需要经过"赋能"阶段充分释放技术与服务的价值。其中，关键是要秉持"用户思维"，以具体业务需求的满足和基层工作人员的实际工作为出发点，以组织机构的整体运转和成长发展为长远目标，以实现兼具适应性、稳定性、有效性和高效性的韧性治理为根本基点。

理想情况下，组织机构可以在技术的赋能和助力下持续、渐进、精准地解决本部门在日常工作开展中遇到的"小问题"，提升公共服务的供给效率与供给质量，促进组织机构的积极履职。但对基层工作人员而言，技术方案的落地推广可能意味着工作负担的增加，导致技术应用不可持续，终成泡影。为使技术成果能真正惠及基层，谋长远之计，组织机构可以在"小问题"的不断解决中积累起"大经验"，创新谋变，推陈出新，变革服

务理念，形成符合治理环境要求的业务流程、职能架构和体制机制，优化组织机构的内部运作和外部交流，进而提升组织机构的整体治理效能。

关键在于，无论是在技术侧还是在服务侧，都要注重站在"用户"的角度思考问题，在技术应用的设计以及管理服务方案的调整上均需以基层工作人员工作效率和工作积极性的提升为目标，并将基层工作人员在治理中的经验判断和真实感受作为连接技术与服务的重要桥梁。

与此同时，组织机构在技术赋能下实现有效治理，促进服务体系的变革重塑，释放出正面的信号。一方面，组织机构将技术视为日常管理的重要手段和工具，将数据资源视为自身治理的生产要素和资产；另一方面，组织机构将技术体系内嵌于管理服务体系之中，使二者成为有机整体。在这个意义上，组织机构应当为技术体系进行合理适当的赋权，以充分释放技术体系的潜能，提升整体治理效能。至此，组织变革"协同三角"模型从起步走向深化，并实现"数据为治理赋能，治理为技术赋权"的良性循环，为下一阶段的系统迭代更新和组织转型升级打下坚实基础。

4. 长效——实现韧性，凸显数据时代长效治理效能

技术日臻成熟，理念逐渐转变。当数字技术嵌入组织机构，当数据赋能嵌入治理实践，不仅组织结构经历重塑、业务流程得以再造、公共服务方式发生改变，组织与人的关系、组织中管理者与被管理者的关系、组织与技术的关系、组织中技术与人的关系也发生了广泛而深刻的变革，引发组织机构对技术与服务的价值审视。

一方面，在技术治理的全新范式下，组织机构可以开始建构起数据时代的新愿景和新使命，制定具有战略性质的发展规划，并依靠数字技术的赋能加持推动治理体系与治理能力现代化转型。同时，在数据治理范式的指导下，组织机构可以结合自身的定位、目标和规划，引导技术系统进行阶段性的升级迭代，并逐步激发技术的"思维"能力和"学习"能力，使数据治理体系在场景建构、需求满足和问题解决的过程中实现自治运转。由此，数据治理体系日臻成熟，治理的适应性和有效性日益提升。

另一方面，在管理—服务理念的转变过程中，组织机构逐渐意识到

"治事先治人"的重要性，通过管理理念的变革和管理措施的调整推动管理者与被管理者的关系重塑。在服务理念的指导下，组织机构结合具体业务场景，利用数字化协同平台这一重要载体为基层工作者提供一系列便捷化应用工具。通过履职提醒、培训等柔性手段，将服务理念践行到位，提高被管理者的能力与意愿，促进建立在共识基础上的目标协同。由此，管服一体体系正式成型，治理的稳定性和高效性得到了体系的保障。

为实现数据治理体系和管服一体体系的长效运转，保证治理韧性落地转化为常态化成果，数字治理转型的制度化、体系化工作同样至关重要。在巩固数据治理体系方面，组织机构推动技术应用的制度化，明确技术标准，能够为实现良性技术管理提供依据、奠定基础，有效规避技术风险；在巩固管服一体体系方面，组织机构积极推动相关管理举措的体系化，有助于将责任落到实处，为相关工作的考核、监管和成效提升提供有效保障。

综上所述，"协同三角"的落地首先需要管理者和决策者从根本上转变治理理念，其次依托数字技术全力打造数字化协同平台，并将其作为提供动力和支撑的重要载体，通过生产—分析—驱动—能效的数据赋能路径以及提醒—调整—共识—成效的管服一体路径，达成目标协同，实现韧性治理。在理念牵引下，推动组织变革机构从起步、深化走向赋能、长效，呈现一个螺旋式上升、波浪式前进的实施路径和发展历程，能够为实务部门的韧性治理实践提供有益的思路参考和具体的操作规程。

第四章

广州治水的数字化转型：基础、理念与路径

导语

广州素有"岭南水乡"之称，复杂的水体状况和多样的河涌类型为水域治理带来了难题。面对治水难题，广州市长期以来处于传统的河湖管理部门分治阶段，采用多种工程手段和技术手段推进治水。然而，随着工业化和城市化进程的加快，治水新问题不断产生，局势仍然严峻。因此，转变治理理念，强化源头治理和对人的治理，引入信息化治水的全流程管理已迫在眉睫。

新时代以来，河长制成为生态文明制度的重要组成部分。广州市深入贯彻中央、省关于全面推行河长制的工作要求，明确了河长制在治水任务中的重要地位，陆续颁布行动计划、实施方案等文件，致力于建立和完善河长制体系制度。在此阶段，广州市取得了显著成效——创新治水理念，完善治水总体思路；狠抓机构建设，压实责任体系，强化落实河湖长责任；健全制度能力，形成多级治水责任主体。然而，在河长制起步阶段，广州市在治水的现实操作和成效上仍暴露出五个"不够"痛点问题，在这一背景下，数字化转型方法成为回应问题的关键。

在水治理需求、信息化发展以及完善的体制机制的牵引之下，广州市将习近平总书记"以信息化培育新动能"的重要指示践行于全面推行河长制工作中，开启"数据赋能河长制"新模式，通过"协同三角"模型赋能治水的数字化转型。在治理需求基础方面，广州市在推行河长制过程中遇到的痛点问题与迫切的治理需求加快了广州市探索数据赋能河长制的步

伐：在数字基础方面，广州市在多年的治水过程中逐步建立了坚实的信息化基础，一方面建立起广州河长管理信息系统，在治水工作中积极应用先进科技手段；另一方面不断加强数字化人才队伍建设。在制度基础方面，广州市建立并发展起管理地上的河长制五大机制、管理地下的"厂—网—河"一体化管理机制和管理未来的全过程建设管理机制。

广州治水的数字化转型遵循"大治理，小切口"的具体实施路径。在"大治理"价值理念、相关制度和组织体系的指引与保障下，找准"小切口"，通过明确需求场景，实现管理范围、工作过程和业务信息的全覆盖，坚持以应用为导向推动问题解决。同时，持续优化业务架构、应用架构和逻辑架构的整体设计。通过应用数据治理"协同三角"模型，广州市河长制稳步走过起步、推进、决胜、长效四个阶段，在"五能"的基础上渐次实现了有名、有实、有能、有效的四级跃升，全市河湖面貌焕然一新。

一、广州治水的基础与变革

（一）广州治水的基础

1. 治水背景

广州素有"岭南水乡"之称，地处亚热带丰水区，水系发达，河网密布，大小河流（涌）众多，具有"山水林田相依，江河湖海相连"的生态格局。从数量来看水量大且分布密集，全市主要河道共1718条，总长5911.47千米，湖泊水库345座，水域面积754.5平方千米，水面率10.15%，河网密度0.75千米每平方千米。从类型来看构成复杂，全市水体分属九大流域，河涌类型包括山区型、潮汐型及混合型3种。

复杂的水体状况和多样的河涌类型为水域治理带来了难题，其中以黑臭水体为代表的水环境问题和以城市看海为代表的城市内涝问题最为典型。由于排污、泄漏、养殖、交通、自然灾害以及水体的累积等因素，水域生态污染问题突出；由于城区人口密度大，地面硬化程度高，地表径流汇集快，且传统的城市规划中排水措施不尽科学，城市内涝问题也屡屡出现。

2. 治水历程

如何治水是广州市一直积极应对的难题，长期以来，广州市处于传统的河湖管理部门分治阶段。自1996年起采用工程手段和技术手段结合的方法治水，常规做法是沿涌截污；2010年前曾采用就地覆盖河涌的方法，将部分流域覆盖成渠箱，渠箱出口处设闸，晴天污水进入管网，雨天开闸后溢流；2010年后多使用河涌末端截污，让污水入管、清水入河；应急措施是一体化污水处理设施。

总体而言，传统的治水倾向采用"头痛医头，脚痛医脚"的方式，在绩效考核的背景下，往往选择更易衡量和更显性的指标，采取易入手、见效快的方式。而污染源的全面排查、雨污系统的整体改造需要整体性、系统性的全流程治理，传统偏向末端的治理缺乏对源头和过程的有效管理，因此，需要转变治理理念，强化源头治理和对人的治理，引入信息化治水的全流程管理。

3. 局势严峻

在传统方法下，治水取得了一定成效，但成果较为反复，依旧问题重重，且随着工业化和城市化的过程不断产生新问题，局势仍然严峻，具体体现在几个方面。

其一，水污染依旧严重。从水体环境来看，黑臭水体体量大、分布广，而且水体污染成因杂，污染来源多，水动力不足，水生态退化严重。从治理过程来看，污水收集、处理效能低；治理空白多，部分城中村、城乡接合部、农村收集管网建设不完善，直排现象突出；外水杂，雨水、河水、地下水等多种外水进入管网，雨季溢流情况严重，易造成内涝和河涌水质污染。

其二，城市快速发展与水环境之间存在尖锐矛盾，城市化进展速度快，农业经济向工业经济转变，几十年的高速工业化带来的环境污染问题至今仍十分严峻。城市常住人口数量急剧增加，建成区面积不断扩张，城市生活、交通运输与工业生产导致生态破坏、水环境恶化。

其三，末端治水、部门治水的治理思路和理念亟待与时俱进。从技术路线来看，仅靠工程措施不够，不能从源头上治理会导致污染源源不断；从负责机构来看，仅靠水务、环保部门不够，需要部门协同合作；从治理主体来看，仅靠政府力量不够，需要社会参与、全民共治。

（二）广州治水的变革——河长制

1. 河长制的背景与目标

自20世纪80年代环境保护被列为我国的一项基本国策以来，政府颁布了一系列治理环境污染的法律法规，包括《中华人民共和国环境保护法》《中华人民共和国水污染防治法》等，2014年3月，习近平总书记在中央财经领导小组第五次会议上指出，建设生态文明，首先要从改变自然、征服自然转向调整人的行为、纠正人的错误行为。

2016年底，中共中央办公厅、国务院办公厅印发《关于全面推行河长制的意见》，标志着河长制已经从自下而上的自主探索上升为自上而下的统一意志，河长制成为生态文明制度的重要组成部分。广州市深入贯彻中央、省关于全面推行河长制的工作要求，明确了河长制在治水任务中的重要地位，致力于建立完善河长制制度体系。

河长制的优势在于将水环境保护模式从原来的"多头管理"变为由河长统领、统管，让地方党政主要领导对水环境治理、水安全保障等工作进行兜底，最大限度调动各级、各部门的资源优势，充分动员全党、全社会共同参与，形成共建、共治、共享的治理格局。管理模式的改变旨在实现源头治理、系统治理、综合治理；解决黑臭水体、城市看海问题；转变治水思路，从末端到源头；转变运作模式，从分散到整合；转变落实方式，从无序到有序。

2. 河长制的实施与发展

在河长制的起步阶段，广州市侧重建立体系架构。2014年，广州市对纳入《南粤水更清行动计划》的51条河涌率先尝试设置河长。2016年，广州市政府印发《广州市河长制实施方案》，正式启动河长制工作。2017年，广州市在全省率先出台全面推行河长制实施方案，建立四级河长管理体系。2018年，广州市委书记和市长共同签发"广州市总河长第2号令"，创新设置九大流域河长。广州市深入贯彻中央、省关于全面推行河长制的工作要求，致力建立完善河长制制度体系。

一是创新治水理念。完善治水总体思路，逐步形成"控（源）、截（污）、清（淤）、补（水）、管（理）"的五字方针和具体路线。

第一，体系化落实，全面落实河长制、湖长制为统领的治理体系。

第二，网络化治理，将目标分解落实，推行网格化治水、排水单元达标攻坚。

第三，源头治理，源头减污、源头截污、源头雨污分流。

第四，创新推动"四洗"清源工作，包括洗楼、洗井、洗管、洗河。

第五，持续推进"五清理"排除障碍，包括清理非法排污口、清理水面漂浮物、清理底泥污染物、清理河湖障碍物、清理涉河湖违法违建。

二是狠抓机构建设。全市党政主要领导担任市第一总河长、市总河长，张硕辅书记、温国辉市长高度重视河长制工作，共批示373次、共同签发9道总河长令，以军令状的形式，强化落实河湖长责任。

第一，河长设置：落实市、区、镇街、村居四级河长3030名，湖长828人，自然村河段长3296名，实现河长湖长全覆盖。此外，还设置了网格长1.9万余名作为河长制的有效补充，压实责任、建立责任体系，把发现问题的责任下放到基层网格，管理的空间更小、责任更具体、更容易落实。

第二，流域负责机构：按照"以流域为体系，网格为单元"治水思路，围绕全市九大流域，成立流域管理机构，落实流域协同治理，在全市全面推行"河湖警长制"，发挥"利剑作用"，进一步优化完善河湖管理体系。

第三，领导小组：2017年，成立广州市全面推行河长制工作领导小组，市委主要领导担任组长，成员来自纪检监察、组织、宣传、发展改革、水务、生态环境、工信等相关部门以及各区政府共计31个单位。

第四，河长办：2017年，成立市河长制办公室，由分管副市长兼任办公室主任，设综合调研、计划资金、工程督办、污染防控、新闻宣传、监督问责6个工作组，实现经费、人员、办公场地全落实。河长办负责全面推进河长制工作，领导小组日常工作，统筹河长制湖长制工作的制度建设、组织协调、宣传发动、整体推进、监督考核等。

三是健全制度能力，建立健全五大机制。为落实责任，广州形成了"总河长—流域—市—区—镇（街）—村（居）—网格长（员）"多级治水责任主体，推行网格化治水；在发现问题方面，建立了包括河长巡河、公众举报、突击检查、第三方巡查等渠道和安排；为了更好地解决问题，需要由河长办牵头，多部门协同配合落实污染源治理工作；在监督考核方面，建立河长考核、人大、政协、社会监督等联动制度，打造"可追溯、可倒查、可问责"的强监管体系；在激励问责方面，推行相应的物质和精神奖励与责任追究政策。

在起步阶段，广州市通过机构、制度等方面的努力基本实现了形式上的体系架构建设，但在治水的现实操作和成效上仍面临着传统的和新出现的挑战。2018年10月，水利部印发《关于推动河长制从"有名"到"有实"的实施意见》，提出尽快推动河长制从"有名"向"有实"转变，实现名实相符。广州市积极响应，利用数据赋能时代的红利，思考推动河长制的数字化转型。

3. 河长制数字化转型的需求

（1）河长制初期面临的问题与挑战

在河长制建立制度和机构的初期推进过程中，暴露了"五个不够"痛点问题。

第一，仅靠人海战术不够，需要协调指挥。在河长制转型的初期，面临着不清楚怎么干、基层利益难以协调、河长水务专业知识不足、没有人牵头做转型等问题。基层河湖长工作内容多、工作要求高，加上缺乏支持，责任落实不到位，基层河长责任有待强化。

第二，仅靠市级水务不够，河长办统筹协调作用有待加强。基层河长办人员流动性强，专业性不足，统筹协调职能受限。而且每个区河长办的地位和对河长工作的重视程度不同，基层河长办是否有能力、是否敢把问题反馈给区级河长也存在选择差异。一些工作需要协调环保、执法等部门，更加考验基层治理者的智慧。

第三，仅靠政府力量不够。民间河长覆盖范围小，居民环保意识低，企业配合度不高。治水成果的社会公众感知度、参与度低，一方面未能集思广益发挥一线群众的问题发现能力；另一方面治理成效未转化为民众幸福感和获得感。

第四，仅靠传统问责不够。考核监督机制有待优化，对于应当考核监督什么以及怎么考核不清晰，考核形式单一，注重短期成效，客观性不足。问责形式僵化，实际情况考虑不足，激励机制欠缺，人员积极性有限。

第五，仅靠工程措施不够。传统的重工程轻管理理念亟待转型，工程措施大多偏向末端处理，短期见效，但治标不治本，源头治理方能成效持久。

（2）分析五个"不够"痛点问题的成因

出现这些痛点问题，究其原因，在于制度建设初期的适应过程。从责任主体来看，初期治理主体单一，上级部门重视程度不够，部门之间联动不足；从治理效率来看，为取得成效投入大量人力物力，未考虑成本收益比；从理念方法来看，仍采用人海战术、末端处理，重工程轻管理的理念未转型。

河长制建立初期出现的问题已经得到深入的审视。针对主体责任的问题，应将职责清单化，落实到人；针对统筹协调问题，应提高河长办地位，压实属地责任，上下同治，聚焦联动合力，部门共治；针对激励问责机制问题，通过绩效量化，数据留痕，设置考核监督清单加强责任落实；针对社会主体参与程度低的问题，可以建立群众举报、反映水体问题等机制，激发群众积极性；针对理念转型的问题，应加强源头管控，水陆共治，统筹管控提质增效。

（3）运用数字化转型方法回应五个"不够"痛点问题的思路

面临"五个不够"的难题，广州市将习近平总书记"以信息化培育新动能"的重要指示践行于全面推行河长制工作中，开启"数据赋能河长制"新模式，通过 MADE 模型赋能实践，对于信息分散的问题，可以利用数据挖掘多点采集；对于信息不对称的问题，可以利用信息化系统实现信息共享和公开；对于主体和对象多的问题，可以利用数字化覆盖面广的优势。MADE 模型为破解超大城市水环境治理困境提供了新发展思路。

借助信息化手段除难赋能，落实转型思路，推动河长制从"五难"走向"五能"，在责任落实方面，通过建设河长管理信息系统，快速打通信息链条，实现管理范围、工作过程、业务信息全覆盖；针对问责监管不足的问题,通过数据赋能强监管,在系统上建立督导监管版块,建设履职评价打分系统,利用河长周报定期推送,通过红黑榜通报。针对社会参与度不足的问题,通过小程序推动全民共治,设置举报悬赏功能,并将小程序作为成果展示的窗口。

二、广州治水数字化转型的基础

(一)治理需求基础

面临河长制推行过程中上述"五个不够"的痛点问题,数字化转型思路提供了针对性的回应。河长制中数据治理主要有五大可应用场景,分别是赋能河长履职、赋能监管体系、赋能河长服务、赋能业务协同、赋能社会参与。

第一,针对赋能河长履职,广州推出河长管理信息系统,全方位支撑各级河长办、各级河长、各级职能部门履职尽责。

第二,针对赋能监管体系,广州创新推出12345河长管理体系量化考评,使监管有据有力。

第三,针对赋能河长服务,广州市打造线上线下双轨并行的"一平台五体系"的常态化培训服务,并在全国首推河长培训小程序,创新线上直播,探索河长制宣教服务新形式。

第四,针对赋能业务协同,广州市推出污染源销号、拆违、突击检查、海绵城市等配套功能应用,实现跨部门信息传递、事务线上处置和协同治理。

第五,针对赋能社会参与,广州市借力新媒体,利用广州治水投诉微信公众号共受理市民投诉和有奖举报,并利用培训小程序培训普通市民、志愿者,初步形成政府履职、社会监督、公众参与的共建共治共享社会治水新格局。

（二）数字基础

在"数字政府""智慧城市""互联网＋政务""网络强国"等国家战略背景下，以各级水利水务信息化发展规划、"数字政府"建设总体规划、"大水务"信息化总体框架为指导，充分利用现代信息技术，搭建稳定的河长制信息化总体架构，是全面推行河长制工作的重要手段。广州市在多年治水中逐步建立了坚实的信息化基础。

广州河长管理信息系统采用手机 App、桌面 PC 端、微信公众号、电话投诉、专题网站等多种渠道建立。该系统采用多层分布式结构、基于流程驱动的总线集成模式、适配器组件集成技术，解决系统之间的信息共享、一致性等问题；系统在底层架构与应用层面打破组织边界，建立统一的河湖名录虚拟数据中心、河湖电子地图与河长名录，串联河长制管理主体和对象；系统总体架构采用微服务架构，使构建在各种系统中的服务能够以一种统一和通用的方式进行交互。

此外，在广州市河长制工作中，无人机遥感技术、数据安全技术、巡河轨迹技术、图像识别技术、工作流引擎技术、云视频技术、机器学习技术、服务器集群技术、图像压缩技术等先进科技也发挥了重要作用。

实现治水现代化的根本和前提是人才队伍的现代化。广州市在治水方面不断加强数字化人才队伍建设，围绕水文现代化事业发展需求，以高精尖、复合型和一线高级专门人才为重点，在逐步打造治水的信息化基础的同时，把优秀科技人才凝聚培养与重大创新平台建设有机结合起来，为优秀科技人才脱颖而出、茁壮成长提供了肥沃的土壤。

（三）制度基础

广州市在多年治水中逐步建立了完善的组织机构体系：完善河长制顶层设计，成立全面推行河长制工作领导小组，市委主要领导担任组长，成员包括各部门以及各区政府共计31个成员单位。充实河长制机构设置和人员配备，成立市河长制办公室（以下简称"河长办"），分管副市长兼任办公室主任，设置专职副主任，由市水务局市管干部担任；从20个市直单位抽调人员50多人组成6个工作组；设置5个流域管理事务中心，内设河长制事务处，承担流域河长制日常工作。

广州市建立并发展了三套有效的治水管理机制。首先是管理地上的河长制五大机制：一是"河长责任"机制，形成责任清晰的多级治水体系和河长制述职工作机制；二是"发现问题"机制，落实"流域为体系、网格为单元"治水工作；三是"解决问题"机制，强化市河长办牵头抓总职能，避免推诿扯皮，并创新推行"河湖警长制"；四是"监督考核"机制，强化对河长、部门履职的监督检查，确保重点任务落实；五是"激励问责"机制，以责任追究为硬约束。其次是管理地下的"厂—网—河"一体化管理机制，成立排水公司，建立"厂—网—河"一体化全覆盖管理体系。最后是管理未来的全过程建设管理机制，即建立"规划—设计—建设—验收—管理"多部门全流程管理机制。上述治水管理机制压实各级河长责任，明确黑臭河涌的治理责任在区级河长，形成河长制闭环管理，实现了河长制"管水"与"管人"系统措施的落地。

5年来，广州市高位推动河长制湖长制工作，实现从"有名有实"到"有能有效"的跨越式发展，形成完备的制度体系：从解决黑臭水体、城市"看海"两个问题出发，以"控、截、清、补、管"五字方针+12345路线为主的治水思路，通过建立并完善上述三套机制，坚持全流域治理水污染，破"五难"造就"五能"（能效、能动、能力、能及、能量）模式，以数据赋能达到有名、有实、有能、有效的"四有"成效，实现源头治理、系统治理和综合治理三个治理目标。

三、广州治水数字化转型的具体实施路径

（一）大治理

1. 价值理念

1980年以来，广州市常住人口增长了4.85倍，建成区面积增长了9.18倍，GDP增长了400倍，城市化快速发展与水环境急速恶化之间的矛盾日益凸显，传统水环境治理的局限性也亟待改善。

在指导思想上，习近平总书记提出治水要从改变自然、征服自然转向调整人的行为、纠正人的错误行为。落实河（湖）长制的"一套机制"是广州贯彻习近平生态文明思想、开展治水工作的统领。黑臭河涌治理的对象实际上是被人污染之水，水污染同社会生产生活方式息息相关。因此，治水要作为社会治理问题来抓，全社会应形成环保价值观，造就一批具有生态文明思想的人，才能真正实现长治久清。

在治水思路上，广州水环境治理以解决水环境问题和城市内涝这两大问题为目标，从三个方面整体转变治水思路，即治水思路从末端到源头、运作模式从分散到整合、落实方式从无序到有序，建立全过程建设管理机制、河长制五大机制、"厂—网—河"一体化管理机制这三套机制，实现源头治理、系统治理、综合治理，逐步形成"五字方针+12345路线"为主的治水思路。

2. 制度建设

（1）指导文件

早在2014年1月，广州就在纳入《南粤水更清行动计划》的51条河涌试点设立河长。2016年在全市启动河长制工作后，又根据国家《关于全面推行河长制的意见》《关于在湖泊实施湖长制的指导意见》，分别在全省率先出台《广州市全面推行河长制实施方案》《广州市湖长制实施方案》，河

长制工作提档升级，成为具有战略性和长效性的规章制度。

近年来，广州市先后出台36项河长制工作制度，23项治水专项方案，发布9道总河长令，靶向施策、精准攻坚，确保守河有责、护河担责、治河尽责。一方面，广州市基于探索和实践的经验优势，将行之有效的技术应用规范化，上升到制度层面，保障水治理的制度创新；另一方面，通过出台一系列制度，巩固和强化技术应用，使技术应用的成果最大化。

（2）标准规范

在标准规范方面，广州河长制建立了一套具有科学性、合理性、可操作性的河长履职指标体系来评估河长的履职情况。该标准依据党中央、国务院和相关部委对河长制推行的具体目标要求、《广州市全面推行河长制实施方案》、《地表水环境质量标准》、《城市黑臭水体整治工作指南》及广州河长履职评价现状调研结果编制而成，历经内部研讨、征求全市各区意见、专家咨询会、内部测试试用6个月等多轮论证检验调试。

广州河长履职评价指标体系具有一级指标全覆盖、二级指标灵活多变的特点，涵盖了河长巡河、问题上报、问题处理、下级河长管理、河湖水质、激励问责、社会监督和学习培训8个一级指标和24个二级指标，以期对河长在日常管理、分级管理、预警管理、调配管理、形式履职、内容履职及成效履职共七个方面的全过程履职情况进行标准化、科学化的测量、评价，实时展示、分区排名，营造出你追我赶的正向激励氛围。

3. 组织保障

（1）组织体系

在组织体系方面，广州市较早成立了河长制工作领导小组和河长办统筹负责相关工作，并及时厘清各级河长办的职责和分工，为河长制的落实提供了坚实的组织保障。

2017年6月，广州市成立市全面推行河长制工作领导小组，由29个成员单位主要领导组成。领导小组的职责是贯彻落实党中央、国务院关于全面推行河长制的决策部署，加强对全省河长制工作的组织领导，拟订和审议全面推行河长制的重大措施，协调解决工作推进中的重大问题，对重要

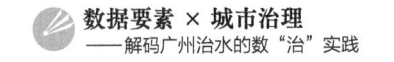

事项落实情况进行督导检查。

2017年6月,广州市河长办正式挂牌运作,经费、人员、办公场地全落实,市河长办下设6个工作组,目前有专职工作人员约60人。市河长办的职责主要有以下三个方面:第一,负责全市全面推进河长制工作领导小组日常工作;第二,负责市水环境整治联席会议日常工作,统筹制订全市水环境整治工作年度目标及计划;第三,定期汇总各项工作推进情况并开展督办,及时向市领导及各成员单位通报工作进展和存在问题。

自河长制落地以来,广州市积极推进河长制机构建设,督促各区建立以党政领导负责制为核心的责任体系,在组织层面确保了河长制在南粤大地落地生根。

(2)问责体系

为健全制度能力,把"河长制就是责任制"落到实处,广州市河长制建立健全了如前所述的五大机制,积极推动各级河长做到守河有责、护河担责、治河尽责,将责任机制落到了实处。

第一,落实责任机制,创新了多级河长体系,明确了七级河长的职责和任务。第二,发现问题机制,通过多种方式收集巡河信息,发现河湖问题。第三,解决问题机制,由河长办牵头,依托广州河长App交办各部门落实污染源治理工作。第四,监督考核机制,依托河长App实现履职留痕,使河长工作可倒查可追溯;整合各方力量,将媒体监督与预警巡河机制相结合,并将群众满意度纳入考核指标。第五,激励问责机制,依托河长App的红黑榜进行表扬和通报。

(3)管理体系

在管理体系上,广州市建成了"12345河长管理体系",以构建责任明确、监管有力、信息共享、联动快速、互动顺畅、考核到位的河长管理平台为目标,从学习沟通、日常履职、社会监督、联合监管四大方面打造闭环管理体系,确保河长制工作全面落实。

"1"指一个系统,广州市以"五位一体"的广州河长管理信息系统为重要依托和抓手,实现了内容全覆盖、任务广联结、系统接地气、功能便履职的特点。

"2"指两重保障，包括制度保障和机制保障，为河长履职搭建了一套议事有规则、管理有办法、操作有程序、过程有监控、职责有追究的全过程保障体系。在有效整合下，广州河长管理信息系统分别在履职前中后三个阶段制定了责任追究、履职规范、履职监督、考核评价四种管理制度，并在信息化手段的辅助下形成了学习机制、沟通机制、监督考核机制、预警响应机制、激励问责机制五大工作机制，实现了制度规范与制度执行的统一。

"3"指三种履职，包括形式履职、内容履职和成效履职。形式履职是指河长按相关文件的工作要求，完成巡河及问题上报等日常任务，包括河长巡河次数、里程数及巡河覆盖率等。内容履职要求河长在日常履职的基础上，以专项任务方式做好控制管辖范围内的污染源工作。成效履职的绩效呈现则从过程转向效果和产出。根据水质监测数据、系统内各级河长履职综合数据、河长责任河湖问题反弹情况等，开发了"弹性化巡河"模型，引导河长关注水质状况，切实解决河湖问题。

"4"指四种管理，通过日常管理、分级管理、预警管理、调度管理，全方位压实河长履职。

"5"指五级河长，广州市设立了多级河长制度体系，在市、区、镇（街）、村（居）末端加设了网格长（员），成为实现河长统领、上下同治、部门联结、水陆共治的重要基础。

（二）小切口

1. 明确需求场景

在传统河湖管理模式中，不同主体之间存在较为严重的信息不对称问题，数据共享机制不健全，不同水务系统之间相互封闭，形成了"信息孤岛"，最终导致跨部门数据共享难度大，数据格式不统一，信息无法复用。为解决数据与治理"两张皮"的问题，广州市在实践中探索并打造了一个统领全局、协调各方的"数据中台"——广州河长管理信息系统。依托该系统，广州市明确需求场景、打通信息链条，在管理上实现了管理范围、工作过程、业务信息三个全覆盖。

（1）管理范围全覆盖

第一，管理主体全覆盖，在机构及人员管理方面，当前，系统已实现189个河长办和605个职能部门的全整合，以及3000余名河长、667名河段长、560名人大代表和政协委员、20000余名网格员和3000余名工作人员的串接联动。

第二，管理对象全覆盖，在河湖管理方面，开发河湖名录、河档河策功能，系统已实现对广州市1430条河（涌）、9092个河段、52宗湖泊、363宗水库及4938宗小微水体的全覆盖。

（2）工作过程全覆盖

面对业务需求加码，系统在总体设计框架下不断整合、迭代、优化，陆续开发河湖巡查、事务处理、污染源治理、海绵城市、联系检查、报表等功能模块，满足河长制对信息报送、事务处理、河湖管理的全过程需要，业务全过程精准留痕。依托该系统，各级河长年均巡河次数超过50万次，年均巡河里程超过100万千米，年均上报问题超过4万件，问题办结率稳定在98%以上，且已实现无纸化考核。

（3）业务信息全覆盖

第一，基础信息全覆盖，全市河湖全部实现一河一档、一河一策，并建立河长档案；第二，动态信息全覆盖，实现河长工作、机构工作、社会监督、治理成效、新闻动态信息全方位拓展。当前，河长系统的信息交互量已达到1.6万条/月。

2. 应用导向及问题解决

（1）广州河长信息管理系统

广州市通过搭建手机 App、桌面 PC 端、微信公众号、电话投诉与专题网站"五位一体"的广州河长管理信息系统，实现了管理范围、工作过程、业务信息的"三个全覆盖"以及污染管理、河湖管理、河长管理的"三个精细化"。

在数据生产阶段，广州河长管理信息系统广泛收集前端数据，包括基础的静态数据、检测监控及业务过程产生的动态数据，在后端开展无差别的清洗和加工，初步挖掘数据的粗放价值。再通过智能化、网格化的方式，将河长管理中零散、孤立的数据彼此连接，形成数据网络，成为智慧化的基础设施，形成可以进行风险感知、监督管理、指挥决策、响应处置、协调联动的"神经中枢系统"。

在数据分析阶段，广州河长管理信息系统通过人工智能、机器学习＋专业研判、人工纠偏相结合的方式开展数据分析和精加工，通过对数据进行比对、分析、预测建模、关联分析、异常检测等，在数据分析中形成"风险预警"，可以真实、准确、全面地展示水污染环境的现状、分布和迁移规律等，还能及时发现各类问题并分析其症结、规律，从而抓住工作中的不足并找到发展方向。

以"技术治理"为河长提供深层次服务，在减轻河长巡河压力的同时，提升河长巡河的自主性，助力河长主动参与"目标协同"链条，实现河长巡河管理机制上下同频共振，提高基层水务治理对冲不确定性的风险防控能力，确保河湖的治理韧性始终高效稳定。

（2）总体架构体系

广州河长信息管理系统用先进的技术路线，确保系统的可扩展性和兼容性，采用多层分布式结构，以信息化管理为核心，以实现信息技术标准化、信息采集自动化、信息传输网络化、信息管理集成化、功能结构模块化和业务处理智能化为目标展开建设。系统采用面向服务的SOA架构和"服务总线＋组件"的技术方法，基于流程驱动的总线集成模式，通过适配器组件集成技术，使各子系统间能够以互操作的方式交换业务信息，解决信息服务多元化以及系统之间的信息共享、一致性等问题。

具体而言，广州河长管理信息系统框架分为以下七层。

第一层：交互层。

交互层以简洁大方的页面设计、逻辑清晰的结构设计及合理有序的布局设计，为用户提供了一个好用且易用的交互方式。App端为河长制业务提供移动办公、接收实时信息资讯与履职提醒等功能，桌面PC端为河长制业务提供日常事务管理、综合信息展示与系统管理等功能，微信公众号与电话为公众参与治水行动的窗口，门户网站提供治水成果展示。

第二层：SAAS层。

SAAS层围绕河长制各项业务需求，为用户提供综合业务应用，包括基础板块、实履职板块、强监管板块、优服务板块、广支撑板块、全参与板块等。一方面，SAAS层提供数据驾驶舱式综合展示，将采集和分析处理后的数据进行形象化、直观化、具体化展示，为业务的决策提供支撑，让数据以更有组织的方式展现；另一方面，SAAS层提供了从业务问题的发现到解决、反馈全流程的闭环流程处理，全方位跟踪问题流转，同时依托数据挖掘分析，建立层层收紧、管服并重、可问责的监管体系，确保工作质量优良。

第三层：PAAS层。

PAAS层承担着汇聚与管理资源，支撑应用，保障系统规范及开放，进而保障系统长期可持续运行的任务。PAAS层将各类业务应用系统中所需的业务处理功能通盘考虑，从中抽取出便于复用共享的部分，形成软件资源，避免重复开发，有效保障系统的完整性、规范性与开放性，减少技术风险。PAAS层对于整个系统的功能实现、稳定性、可扩展性等各个方面都起到至关重要的作用，为广州河长管理信息系统基础模块平台项目的业务应用系统提供统一的基础数据访问、数据分析、界面表现等平台公共服务支持，并可为相关部门提供统一的信息服务访问接口。

第四层：DAAS层。

DAAS层主要完成数据整合、数据治理、数据存储管理、数据交换共享、数据服务等工作和功能，为业务应用提供公共数据的访问服务以及数据中潜在的有价值信息的服务。利用数据平台技术实现数据的整合与共享，充分运用数据挖掘技术、数据关联分析技术实现多维数据的整合利用，实现查询和分类统计等功能，为SAAS层的数据抓取提供合理有效的数据资源。

第五层：IAAS 层。

IAAS 层通过对计算机基础设施整合利用后提供服务。通过虚拟化技术重新整合服务器、交换机、路由器、防火墙、机柜、UPS 等基本设施构建云端支撑，实现基础设施的监控管理和资源的分配调度管理，为数据的存储和调用提供强有力的物理环境支撑。

第六层：网络层。

网络层负责信息传输，通过专网、公网，利用光纤、GPRS、3G、4G、卫星、短波等多种传输技术，实现数据信息安全稳定传输。

第七层：感知层。

感知层通过水质、流量、水位、雨量、遥感卫星、视频等工程监测设备，提供多源数据，利用前置交换采集平台实现水利、国土、交通、市政、农业、环保、公安等相关部门的数据交互，实现数据广覆盖，为数据的分析与处理打下坚实基础。

（三）整体架构设计

在"协同三角"的落地实施方面，广州市从业务架构设计、应用架构设计和逻辑架构设计三个方面入手进行整体架构设计。通过河长管理信息系统，广州市河长办与基层河长被串联起来，数字技术为河长系统提供技术应用支撑（应用架构），管理部门将资源、协同机制等下沉，为基层河长履职减负增效（业务架构），以达成治理目标。MADE 路径（逻辑架构）为上述架构注入数据驱动力等，以多元功能的河长系统切实赋能河长制。

1. 业务架构设计

依托广州河长管理信息系统，河长制的业务主要分为日常管理、分级管理、预警管理、调度管理四大模块。

（1）日常管理

日常管理，即各级河长通过广州河长管理信息系统对河长巡河、问题上报、事务处理、沟通交流、学习培训等日常履职行为的管理。系统一方面作为强监管的重要抓手，实现对河长日常工作的各项任务实时把握、追踪和管理；另一方面是辅助河长履职、减轻河长履职负担的重要支撑。问题上报和问题处理更是在保持原有组织结构的基础上，于新的层面上通过线性交办的协作模式整合不同职能，有效破除了"九龙治水"的困境。

（2）分级管理

分级管理明确了市、区、镇（街）、村（居）、网格长（员）不同层级河长肩负的不同使命，在广州河长管理信息系统中采取分级授权的方式，明确了各级河长的权力与职责，厘清了各级河长之间的关系。形成上级河长督促指导下级河长履职、对下级河长的日常工作进行监督检查和考核评价，下级河长履职直接和上级河长考核挂钩的方式，实现了上下级联动的层级合力。

（3）预警管理

预警管理的具体表现为对河长巡河、问题上报、问题处理、水质变化、下级河长履职等进行预警。预警管理以河长巡河为基础、水质变化为参考、河湖问题为导向，制定一套预警监测指标，利用信息化手段对河涌水质、河道问题、河长履职情况进行监督，实现风险的日常化、可量化和可视化管理。

（4）调度管理

调度管理通常与预警管理相结合进行，通过采集河湖数据、河长履职数据进行关联分析和统计，具体表现为分析决策、统筹协调、指挥调度这一流程。系统通过"一张图"可视化展现、河湖数据和履职数据交叉分析等技术实现了河长办的统一部署和指挥调度安排，做到全面、及时、准确地分析，第一时间掌握河长履职的动态及水质的风险，并迅速作出科学决策并展开协调。

2. 应用架构设计

（1）构建用户层级框架

广州河长管理信息系统整体考虑广州市河长制体系涉及的各级机构单位协同办公的需要，运用以信息共享、互联互通为核心的协同式政务建设模式，在底层架构与应用层面打破组织边界，构建管理主体全覆盖的机构层级框架。具体来说，系统通过机构名录和河长名录来构建用户层级框架。

第一，机构名录提供河长制组织架构体系的管理和查询功能，通过系统对河长制管理体系中所涉及的各级河长办、各级职能部门、各级监督部门进行信息维护管理，提供包括上级机构、归属区域、机构名称等全属性机构名录信息的增、改、删等功能。系统不仅可以直观地利用管理树状关系形式展示河长制管理组织架构体系，还能透过各个组织机构单位之间的谱系图，直接明了地了解各个组织机构间的上下层级关系，实现跨层级、跨地区、跨部门、跨业务的协同管理和服务。

第二，河长名录汇集全市河长个人信息以及其相关履职信息、个人履职数据等，为各级河长办、职能机构管理人员提供对河长信息的增、改、删及责任河段挂接等维护管理功能。同时制定了数据动态更新机制，保证河长名录数据的实时性、有效性。河长名录数据信息化为河长责任体系建立奠定基础，通过"河段—河长—问题—水质"的挂钩关联，建立了多级河长的关联体系，为各级河长提供上下级、左右岸、上下游河长信息的查询展示，助力各关联河湖责任河长协调联动开展工作，提高河湖管理工作沟通效率与协作渠道。

（2）功能设计

广州市率先推出河长管理信息系统，开发应用河长巡河、问题上报、事务处理、考核监督、"我的履职"、污染源上报及审核、联合检查等功能模块，满足河长制信息报送、河湖巡查、事务处理、河湖管理的全过程工作需求。

第一，河长巡河功能模块。

河长巡河是整个河长制工作中最基础的一环，是各类河湖问题、事件等基础数据的主要来源。河长巡河的信息化、可视化以及智能化协助各级河长、人大代表、政协委员、网格员、一线巡查人员利用河长App开展河湖巡查工作，巡河模块提供在线巡河、离线巡河、巡河多样化等功能，实时记录河长巡查的责任河段、巡查时长及轨迹的功能，实现河长巡河履职数据的实时记录与查询。

第二，问题上报功能模块。

问题上报提供现场发现问题的信息采集、留证上报、离线存储等功能，协助各级河长及巡河工作人员对现场情况进行问题排查上报，系统根据 GPRS 定位数据自动获取问题位置，通过文字、现场照片、视频等汇总上传，实现包括问题描述、问题类型、行政区属、河道、问题照片等内容的上报流转，实现河湖问题实时记录上传、工作日志的电子化管理，加快河湖问题发现及响应速度。

第三，事务处理功能模块。

事务处理提供河湖问题的情况核实、分发派遣、整改反馈、跟踪复查等功能，采用上报、受理、处理、反馈的闭环机制，实现日常事务实时处理流转在线化，包括事务受理、转办、办结、复核、回收、挂账、留言等，通过优化事务流转处置流程，提升河湖问题处理工作效率与问题处理质量，利用信息化平台规范河长办对河长呈报问题的办理流程和过程，监督管理事务处理的时效与成效。

第四，考核监督功能模块。

考核监督功能为各级河长办考核下级机构、河长提供考核模板制定、考核下发、自评、资料填报、评分奖惩、统计分析及公示管理等便捷的手段。通过系统考核功能，各级河长办可以制定考核模板对本级职能部门发起考核，根据河长制的任务分工，将评分权限按考核项分配给相应的责任部门，考核评分依据实时上传，线上留痕，压实了职能部门的履职责任。

第五，"我的履职"功能模块。

"我的履职"是各级河长、河长办提供个性化的履职信息的直观展示服务和履职提醒，按照巡河指导意见的要求，通过履职周期配置、履职数据展示和履职数据查询，提醒用户及时完成周期履职工作，为河长提供了清单式履职、"傻瓜"式巡河的模式。

第六，污染源上报及审核功能模块。

污染源上报及审核功能把"散乱污"治理、违法建设拆除、管网建设、巡查管理等治水工作落实到每个网格单元，实现污染源巡查的全覆盖。河长、基层巡查人员定期巡查网格内水体、供水、排水等涉水事项，实时发现、在线采集、上报巡查过程中发现的各类"散乱"污染源场所，对能解决的问题，及时组织整改；对难以解决的问题，及时上报，并积极协助相关部门处理，实现河湖污染源的定位、属性填报、跟踪处理和销号。

第七，联合检查功能模块。

广州市河长办一直保持污染源查控高压态势，联合检查功能支撑市、区级河长办与环保、工信、城管、农业等业务部门对工厂企业、农贸市场、餐饮场所、鱼塘等污染源实行源头管控的信息化，实现提供污染源的检查记录，污染源问题的交办、督办、复查，整改办结的全流程管理。联合检查功能包括污染源信息管理、联合检查任务管理、联合检查问题流转、联合检查报表和移动端的现场交办、整改结果复核及督办、历史记录查询。

3.逻辑架构设计

广州市在河长制全面升级的实践探索中，形成了数据赋能河长制的总思路，创新提出一套数据赋能的理论流程（MADE），遵循"数据生产（Manufacture）、数据分析（Analysis）、数据驱动（Drive）、达成效能（Efficiency）"的逻辑架构设计。

（1）数据生产

数据生产是广州河长信息管理系统接受外部输入及内部生产数据的阶段。数据生产的特征可总结为以下两点。

第一，数据采集多元化。数据采集的多元化和智慧化是推动数据高产的重要生产力，广州河长管理信息系统作为涉水信息的数据中台，覆盖和协同治水多元主体，成为涉水数据接收、数据采集的入口，通过建设手机App、桌面PC端、微信公众号、电话投诉、专题网站五个应用端，统一吸纳治水数据。

第二，数据交换与共享实现水务信息一体化。广州河长管理信息系统作为以水环境治理为中心的智慧中枢平台，一方面实现了涉水信息的集中汇聚与处理，推动涉水信息一体化发展；另一方面打破了信息闭塞的局面，优化信息共享交换机制，打通部门间信息沟通链条，为跨部门协同搭建起互通桥梁。

总的来说，作为治水数据中台，广州河长管理信息系统成为各个涉水职能部门联手破解治水过程碎片化的有力抓手，实现了"无缝隙政府"。

（2）数据分析

广州河长管理信息系统可进一步强化数据监管和数据利用，其功能包括数据比对、数据挖掘及数据知识发现等。具体而言，数据分析主要从以下三个方面赋能了河长制。

第一，挖掘河长履职潜力。通过对河长履职数据的挖掘和分析，广州河长信息管理系统可以精准找到河长履职的不足及河湖治理问题的深层次原因，及时清除重大问题扩散风险。

第二，以河长履职大数据形成预警。广州河长管理信息系统可以把河湖水质与河湖基础信息和河长履职数据关联起来，通过大数据分析方法和人工智能技术数据建模，为河湖水环境预警、河长履职预警提供基础支撑。

第三，以河长履职大数据实现精准监管。通过数据监管，形成"可倒查、可追溯、可问责"的履职监管体系，用翔实的数据传导履职压力、压实责任，倒逼问题处理。

（3）数据驱动

广州市主要从五个层面推动数据驱动通过体制机制为数据赋权：第一，实履职，以信息化手段为抓手，压实河长履职责任；第二，强监管，以量化、全过程、科学的跟踪管理技术路线解决监管难问题；第三，优服务，打造更为接地气、人性化、务实贴心的功能模块；第四，广支撑，以攻坚任务突破部门壁垒，把河长办的涉水职能单位串联起来；第五，全参与，打造"共建共治共享"的全民治水体系，问策于公众，加强公众的参与感和话语权。

（4）达成效能

数据驱动管理服务产生成效，达成由管理能力到管理效益的高效转换。广州河长管理信息系统将成效数据化，并重新被系统采集利用，驱动新的赋能循环，不断迭代进步，形成长效机制，释放数据赋能河长制的深层能效。在达成能效的基础上，赋能又作为新的重要数据带动数据生产、数据分析和数据驱动提升，最终能够在新的数据赋能MADE环节上把河长制的制度优势转化为治理优势。

（四）广州数据赋能河长制的成功实践

数据赋能河长制是顺应数字时代的必要举措，广州在实践中揣出了"MADE"技术路线推动广州市河长制稳步走过起步、推进、决胜、长效四个阶段，在"五能"的基础上渐次实现了有名、有实、有能、有效的四级跃升，通过系统治理、依法治理、源头治理、综合治理，全市河湖面貌焕然一新。

1. 起步阶段：有名

河长制的起步阶段重在尽早建立体系架构、明确职责分工、形成强大合力，满足河长制快速落地的基本诉求。

一是狠抓机构建设。2017年出台的《广州市全面推行河长制实施方案》明确了市级河长设置及职责，要求全市党政领导担任市级河长。成立全面推行河长制工作领导小组，由市委主要领导担任组长，成员包括各部门以及各区政府共计31个单位主要负责人。成立市河长制办公室，由分管副市长兼任办公室主任，设6个工作组，从20个市直单位抽调50多人开展实体化运作。

二是狠抓管理体系优化。广州市按照以流域为体系、网格为单元的治水思路，形成"总河长—流域河长—市级河长—区级河长—镇（街）级河长—村（居）级河长—网格长（员）"多级治水体系；成立流域管理机构，围绕全市九大流域，落实流域协同治理，支撑河长制实体化运作；在全市全面推行的河湖警长制，发挥治水的"利剑作用"，进一步优化完善河湖管理体系。

三是狠抓制度方案完善。广州市先后印发36项河长制工作制度，23项治水专项方案，靶向施策，确保守河有责、护河担责、治河尽责；2018年以来，签发9道总河长令，以军令状的形式，强化落实河湖长责任。

四是狠抓信息系统管理。广州市率先推出"五位一体"的河长管理信息系统，实现河长制各级部门全整合、工作信息全共享、管理主体全对接、工作流程全覆盖；开发应用适配现有工作的功能模块，满足河长制信息报送、河湖巡查、事务处理、河湖管理的全过程工作需求；实现管理范围全覆盖、工作过程全覆盖、业务信息全覆盖。

河长制推行初期，广州市深入贯彻中央、省关于全面推行河长制的工作要求，明确了河长制在治水任务中的重要地位，致力建立完善河长制体系制度，厘清各级河长及河长办工作责任，实现河长制"师出有名"。

2. 推进阶段：有实

河长制的推进阶段重在从严管理，让河长制落实、落细，满足压实河长制主体责任担当的关键需求。

一是严抓源头治理。源头减污，推动"四洗"清源工作，"洗楼"67万余栋，"洗井"60余万口，"洗管"约1.6万千米，"洗河"3910条（次），拆除涉水违建1220万平方米，治理非禁养区畜禽养殖场户2856个；源头截污，加快补齐污水收集处理设施短板，3年来，全市新建污水管网14733千米，新（扩）建城镇污水处理厂21座，污水处理能力跃居全国第二；源头雨污分流，贯彻落实"污涝协同治理"，开展2万余个"排水单元达标"攻坚行动。

二是严抓河湖四乱。依托河长制高位推动，按照先易后难、分类推进的原则，全力开展河湖"清四乱"集中整治工作。截至2020年12月，全市排查出"清四乱"问题2845宗，已全部完成销号。整治河湖管理范围内违法建（构）筑物3457栋，拆除面积153.23万平方米，清理非法堆砂点28个，清理堆砂面积28.96万立方米，清理建筑和生活垃圾12200.53吨。

三是严抓河长监管。广州建立全方位、全周期的履职评价体系，通过河长管理信息系统推出履职评分、河长周报、红黑榜、河长简报等模块。坚持规范管理，推出4项地方管理标准和数据标准；坚持提醒在前，问责在后，层层收紧评价指标预警阈值；坚持量化评价、数据说话，实时掌控考核断面、河湖水质，追踪岸线管控和污染溯源，及时发现问题、传导压力，相关数据作为各级河长履职评价的重要依据。

广州市严格落实治水任务与严格监管河长履职作为关键性工作，"两只手握起拳头"推动河长制体系真正运转起来。全市河长履职尽责，带头领治，从"要我干"到"我要干"，深入开展散乱污、村级工业园、沿河违章建构筑物整治等源头治理工作，实现河长制名实相符。

3. 决胜阶段：有能

河长制的决胜阶段重在人才赋能、服务赋能、技术赋能、数据赋能多措并举，满足水污染攻坚决战的必胜要求。

一是"五大机制"健全制度能力。建立健全落实责任、发现问题、解决问题、监督考核、激励问责五大机制。落实责任机制，依托全市19660个标准基础网格，推行网格化治水；实施"河长吹哨、部门报到"，针对问题拉条挂账、分类整改；建立河长考核、人大、政协、社会监督等制度，打造"可追溯、可倒查、可问责"的强监管体系；表扬激励78人次，责任追究395人，对43名拟提拔河长出具履职意见。

二是技术改革收获工程能力。建立"厂—网—河"一体化全覆盖管理体系，深化排水管理体制改革，成立排水公司，组建专业的运维和抢险队伍；"花小钱、办大事"，接收管理排水网10847千米，建立泵站52座，泵井及闸站275座，累计排查疏通"僵尸管网"729千米，仅此一项就相当于节省新建管网财政资金50.74亿元。

三是"常态服务"提升履职能力。依托河长管理信息系统平台，打造"一平台五体系"的常态化河长培训服务；推出"河长培训"小程序，创新培训直播；推出"我的履职"功能模块，以任务清单的形式直观地向河长、河长办展示履职任务要求、推送提醒；推出差异化巡河、履职提醒、多样化巡河等服务，减少形式主义和推诿扯皮，为河长减负；研发了履职评价模型、水环境预警模型、内外业融合模型，服务于河长量化考评、黑臭水体反弹风控和督导资源分配。

广州河长制为进一步激发河长制推行的内生动力、提升河长履职基本能力和治水成效，深入改革、新招频出、大胆实践，形成"河长制做得越好"等于"治水工作成效越好"的强联系，实现河长制能级跃升。

4. 长效阶段：有效

河长制的拓展与长效阶段重在发展的全面与可持续，实现治水、治产、治城有机融合，满足生态文明建设的使命追求。

一是河湖面貌焕然一新见"成效"。当前，全市147条黑臭河涌以及市重点整治的50条河涌已全部消除黑臭，13个国考、省考断面已全面达标，市民获得感、幸福感节节攀升。广州市河长制工作2018年、2019年连续两年获得国家督查激励、省考核优秀等次，民间河长苏志均当选全国"十大最美河湖卫士"；高质量建设广州千里碧道，累计建成人水和谐的美丽碧道400千米以上，其中海珠湿地碧道、蕉门河碧道、增江碧道被水利部作为"美丽河湖、幸福河湖"的典范在全国宣传。

二是多管齐下出新出彩谋"长效"。在主体维度上，广州河长制工作已实现由"政府事"向"大家事"转变，已形成政府主导、社会协同、公众参与的"共建共治共享"治水新格局。在内容维度上，广州河长制依托"互联网+"技术，已实现从分散治理到合力统筹转型、从高压监管向管服并重转型，以权责一体化带动业务协同化，以管理标准化带动治理精细化，以培训常态化带动履职长效化，以服务可持续支撑带动环境可持续治理。在时间维度上，广州市利用信息化手段建立水环境预警机制和动态评估机制，技术风控、以评促稳，逐步提高预警、评估的水质"目标值"，以期水环境长制久清、稳步向好。在空间维度上，广州着眼"空间均衡"，创新划定了全市河湖水系控制线，将水系规划与城市规划结合、水系管控与国土空间管控结合，应用于城市建设、管理的全过程，实现治理从水中向岸上延伸；同时，广州还探索建立"户—网—厂—河"一体化管理，建立项目全流程管控、推动海绵城市理念落地，实现治理从岸上向用水户、排水户，向全流域延伸。

近年来，广州市以河长制为关键抓手开展治水实践，水环境治理取得了决定性成果、历史性突破，这是广州河长制实现有名、有实、有能的必然胜利。但治水工作非一朝一夕之功，仍亟须建立长效机制，系统规划谋全局、善作善成谋当下、久久为功谋长远，实现河长制的长期有效。

第五章

广州治水的数字化转型：
实践探索与应用案例

导语

在探索治水数字化转型过程中，广州市"协同三角"模型与河长制治水实践的结合主要有五大应用场景，分别是赋能河长履职、赋能监管体系、赋能河长服务、赋能业务协同以及赋能社会参与，构成了五大典型应用案例。

数据赋能实履职：身处治水第一线，基层河长承担着水环境综合治理的基础性工作。但河长制推行之初，广州市常态化的巡河履职要求与辖区各地基层工作实践发生了激烈冲突，严重影响到基层河长履职积极性及河长管理效能，治水工作呈现"上热下冷"的不利态势。为了提升河长履职效率，同时也为了减轻基层河长负担，广州市探索建立基于大数据技术的河涌问题风险预警机制，基于预警分析结果灵活调整巡河频次，将有限的巡河资源用在"刀刃"上。

数据赋能强监管：尽管针对巡河频次的差异化巡河制度转型使基层河长履职效能倍增，但在巡河履职的问题上报、处理等环节仍存在许多短板，河长的治水意愿和能力仍有较大提升空间。秉持"管理河长、服务河长"的宗旨，广州市重新定义河湖监管，从过程监管与结果评估两个方面解决当前河湖监管难题。依托"掌上治水"平台，河长办积极建设层层收紧的"金字塔"监管体系，将监管和服务相结合，释放数据效能并落实河长责任，真正做到从河长制到"河长治"。

数据赋能优服务：在各个河湖具体问题情况差异大、基层河长变动快且治理经验不足、传统培训体系效果不佳等条件影响下，不愿干、不会干、不见效已成为河长工作质量提升的阻碍，影响着广州市推动河长制由"实"到"深"的进程。为此，广州市抓住数据这一关键要素，为基层河长提供个性化培训服务，打造更为接地气、人性化、务实贴心的功能板块，旨在消除基层河长后顾之忧，在业务层面全面提升其履职的适应性和有效性，在治理层面确保治水的稳定性和高效性，从而达成韧性治理。

数据赋能广支撑：2019年前后，广州市在决胜阶段面临统筹难的问题，河长系统业务支撑的广度有待提升，河长办在承担许多治水工作的情况下，如何提升治理效率成为重中之重。水环境治理并非河长办的"一家之事"，只有所有涉水部门的配合才能真正实现水环境治理"长制久清"。为此，广州市探索出利用信息化手段赋能广泛支撑的创新路径，为解决水环境的碎片化治理提供了有效途径。通过河长管理系统的业务拓展支撑攻坚范围扩大，促进业务协同，实现管理对象"能及"，通过线上全流程管理充分调动部门积极性，提高跨部门协同能力，实现管理范围"能及"。

数据赋能全参与：水污染的本质，是人的行为。要调整、纠正人的行为，仅仅依靠官方河长的力量显然不够，要维护水环境的"长制久清"，建立河长制的长效机制，需要激发和调动更广泛的力量参与治水。广州市通过践行"开门治水、人人参与"的理念，利用数据化手段多途径地为群众参与提供渠道，从知水、治水、乐水三个方面全方位地调动群众协同参与，对群众反映的水环境问题全面排查、及时反馈，既加强了政府与市民的联络，起到示范带头作用，也提高了全民参与治水的热情，为各级河长提供了强有力的辅助力量支持，取得了良好的全民共治效果。

一、数据赋能实履职——差异化个性化履职

胜溪河（虚拟场景）是起源于广州市××区××街道的一条长约2000米，宽约30米的河道。河道四周是连绵不断的居民生活区以及批发市场。在河长制推行以前，这里是整个街道最出名的黑臭河涌之一，河道内垃圾漂浮，河堤四周杂草丛生，居民都不愿靠近。随着河长制落地和一系列专项治水行动的铺开，胜溪河水体状况得到显著改善，河堤两岸也铺设起休闲步道，成为街坊邻里休闲锻炼的好去处。

张明（化名）是胜溪河的河长，也是胜溪河所属街道办事处的一名领导干部。作为胜溪河管理和保护的"第一责任人"，张明需要承担防范水体返黑返臭的重要职责。因此，他对胜溪河近年来的"改头换面"感到由衷高兴。不过，河长工作只是张明众多工作中的一项。来自常态化巡河履职和街道日常行政的双项责任，常让张明担忧自己能否平衡好两个岗位要求，能不能为街道各位街坊提供一个舒适宜人的河道环境。

作为河长巡河履职转型的见证者和亲历者，张明对于这一改革的经历感受，能够帮助我们更好回答河长巡河履职为何转、怎样转，以及转型后效果如何等一系列问题，进而对巡河履职转型背后技术—服务—治理"协同三角"的运作逻辑形成更深刻的感知。接下来，让我们跟随张明的脚步，深入基层河长巡河履职一线，感知差异化巡河履职在基层的蓬勃生命力。

（一）问题识别：形式履职与内容履职"两张皮"问题突出

1. 巡河压力大，河长直犯难

2017年初，广州市河长管理信息系统上线，标志着常态化巡河履职模式的开启。普适性的常态化巡河履职模式降低了管理成本、明确了河长职责，对短期内消除黑臭水体、加速河长制落地具有显著效用。截至2019年末，广州市水污染治理取得革命性成效，全市黑臭水体基本消除，水质断

面监测数据基本达标；截至2020年末，全市147条黑臭水体全部消除黑臭，13个国省考断面水质全面达标。河长管理信息系统覆盖范围也逐渐扩大，开始覆盖全市1368条河涌、328个水库、45个湖泊，各级河长累计巡河超208万次。

但"一刀切"的巡河规则的落实是以基层河长的大量精力投入为代价的。据张明介绍，每次单是巡河就需要三四十分钟，加上路上来回的时间，整个过程大概耗时一两个小时。谈及常态化巡河工作的负担，他说："基层工作本就繁杂，打卡式的常态化巡河对我开展其他日常工作确实存在一定程度的影响。任务不多的时候还好，遇上工作比较忙，或是天气不好的时候，感觉负担还是比较重的，压力也比较大。比如有些会议的开会时间不由自己控制，如果一定要到现场巡河的话，就必须挤出时间来。"

根据常态化巡河履职要求，广州市镇街级河长每周巡查不少于一次、村居级河长每个工作日一巡，张明坦言："这样高频次的巡河要求着实让人有些头疼，很多时候要利用休息时间来巡河打卡，时间长了之后确实有些疲于应付，容易产生懈怠心理。"河长管理信息系统显示，张明个人的月均巡河次数已超过25次。在街道工作繁忙的情况下，常态化、高频次的巡河节奏对步入中年的张明来说，是一项巨大的身心考验。

与此同时，机械的打卡要求成为基层河长形式履职的温床。虽然自己的履职数据看似"正常"，张明也承认，自己报送的数据很多时候并不精准，甚至有时会选择性上报问题。不过，他对此也表示很委屈。"常态化巡河感觉就像是固定的打卡，无论水质好坏都有固定的巡查要求。为了维持巡河频次达标，我经常是不得不对已经消除黑臭的河湖保持高频率巡查。为了不被通报，有时也会上报些无关痛痒的问题，很难有精力去考虑污染原因并精准溯源。"张明这样谈道。

2. 数据见真章，合并"两张皮"时不我待

常态化巡河履职压力过大引发的基层河长强烈反响，很快吸引了广州市河长办的注意。从履职数据反思治理效能，再从治理问题挖掘探索需求，是广州市河长办的重要管理理念。为了探究常态化巡河履职问题究竟

第五章
广州治水的数字化转型：实践探索与应用案例

出在何处，广州市河长办尝试基于数据进行进一步剖析。结合数据分析发现，基层河长能够通过河长App将发现的问题反馈上来，但反馈的问题往往是河涌的轻微污染问题，甚至包括岸边随地乱扔垃圾等对河湖水质无直接影响的问题（见图5-1）。

图5-1 基层河长河湖问题上报负面案例

截至2019年10月，河长管理信息系统当中每月平均仍有近1800条无效巡河数据，河长每100次巡河仅能发现5.5宗问题，足见基层河长形式主义行为严重，敷衍履职的问题突出。另外，从常态化巡河工作迈入高潮的2019年来看，黑臭河湖河长人均巡河次数及人均问题上报数量虽较一般河湖河长高，但二者间的问题质量不存在明显差距（见图5-2）。

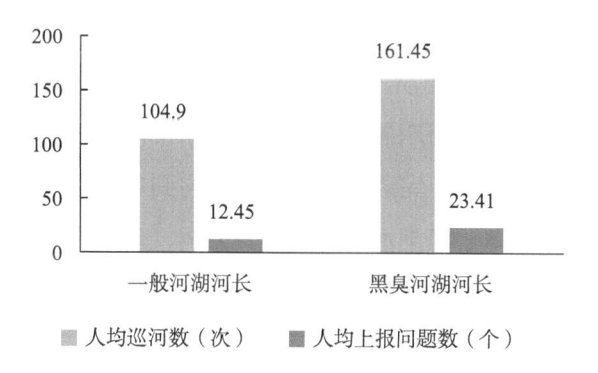

图5-2 2019年一般河湖河长&黑臭河湖河长履职数据对比

数据分析结果充分证明，在河湖污染治理取得突破性成就的背景下，河湖可持续治理和水环境持续改善均遭遇瓶颈，已经出现虚报、瞒报、乱报等现象，常态化巡河规则很难满足新时期河湖污染治理需要。基层河长巡河形式履职与内容履职"两张皮"的问题已到了不容忽视的地步。

与此同时，河长制主管部门也认识到，"两张皮"问题的本质在于普适性的巡查规则对基层河长缺乏足够激励，基层河长巡河履职主要依赖自上而下的机械推动，履职的能力及意愿不足。若要激发基层河长敢担当、善作为的热情，须从根本上树立服务理念，提升基层河长协同参与水平，充分发挥河长履职积极性，同时切实改善河长履职体验，为基层河长敢干事、能干事创造有利条件。

3. 技术与服务，齐力赋能河湖韧性治理

虽然短时间内通过指标摊派能为水污染"重症"下一剂"猛药"，但从长期来看，常态化巡河模式致使大量巡河履职资源遭到浪费，极大地影响了河长群体的正常工作安排与巡河效率。因此，作为河长制主管部门的广州市河长办必须制定一套能够持续稳定运作、具有超强适应性的巡河机制，在为基层河长减负的同时，做到风险河湖应巡尽巡，既提升效率，又保证成效。

作为国内数字治水的先行者，广州市擘画出数据技术对于改善基层河长履职境况的广阔未来，同时摸索了一整套覆盖治理全环节的差异化巡河长效机制。通过技术侧与服务侧的双向赋能，助力河长高效协同参与，提升河湖水环境治理的韧性。

一方面，巡河履职提质增效的需求牵引河湖态势感知技术应用升级。为了回应基层河长巡河履职的减负需要，广州市河长办从业务层面大胆探索，尝试化被动为主动，完成从硬性指标导向到风险预警导向的差异化巡河履职模式转型。基于河湖水质风险预警分析，基层河长巡河频次能够参考风险河湖预测结果进行适应性调整。通过将固定的巡河频次调整为更具弹性的差异化巡河频次，河长巡河履职能够有的放矢，"无用功"大大减少，基层河长线下劳动强度显著降低，履职意愿得到增强。同时，在数据

技术的助力下，基层河长发现、识别问题的能力得到有效提升。

不过，新的业务目标意味着河长办需要对河湖态势、河长履职信息有更全面、精确的感知和掌握，这对河湖水质风险监测及预警手段、河长履职监管手段提出了更高要求，也为河湖主管部门指明了技术升级方向。

另一方面，服务举措优化调整赋能基层河长协同参与治水。伴随技术的应用升级，河湖主管部门主动转变理念，变管理河长、监督河长为服务河长，通过管理要求和服务措施的调整切实改善基层河长的履职情况。其一，河长巡河管理机制实现自下而上的协同再造，以提升基层河长履职能力和意愿为中心，软化硬性巡河指标；其二，依托河长管理信息系统，为基层河长提供各类便利化巡河功能，为高效巡河履职创造有利条件。

双措并举使基层河长在全过程治水过程中参与感、获得感、探索意识显著增强。同时，一线需求也更进一步反哺巡河技术应用，进一步提升河湖预警精度、深度和广度。

综上所述，差异化巡河长效机制的核心在于通过河湖污染态势实时感知预警，实现河长巡河履职资源优化配置，进而推动管理服务的理念转变与举措调整，提升河湖协同治理的韧性。基于河湖污染态势实时感知预警这一重大创新，广州市河长办一方面能够掌握基层河长不同时段履职动态，提升巡河管理精准度、科学性；另一方面也能利用河湖风险预警结果指导巡河频次调整，真正服务河长所想、所需。

接下来，我们将了解差异化巡河的构想是如何在广州市产生、落地，又是如何通过技术应用和服务调整这两条路径，实现对河长巡河工作效率提升的助力以及对河长制的赋能的。

（二）早期探索：差异化巡河构想的初步落地

1. 倾听河长心声，差异化巡河降低"无用功"

党的十九大以来，以习近平同志为核心的党中央高度重视基层减负问题，强调基层减负要重在求真务实，要实现"减负不减质"。《习近平生态文明思想学习纲要》指出："要把政策制定得细一些，把工作做得实一些，体现差别化,体现奖优罚劣,不能'一刀切'。"这些重要指示为广州市推行河长制工作提供了根本遵循。

与此同时,在实践中,来自基层河长的呼声使广州市意识到了巡河履职制度转型的必要性与迫切性。在面向基层河长的调研中,生态环境基底较好的从化区等区的基层河长反映,该区河涌水环境问题较少,希望能够实行与其他区域有差异的巡河制度,减少巡河频次,减轻巡河负担。对此,张明也谈了自己的看法:"在之前河涌环境不是很好的时候,常态化巡河是有必要的。但是随着治理成效越来越好,巡河模式需要及时调整,在减轻工作负担的同时保持治理的效果。"

在一次部门办公会上,河长办工作人员就常态化巡河存在的问题正式向上级汇报,张明也被邀请作为基层河长代表参会。会上,河长办工作人员率先指出常态化巡河首先是同当前治理阶段不相适应的现状。他们指出:"在广州市河湖黑臭水体全面消除的大背景下,广州市河湖治理已由初期的攻坚式专项治理转向精细化长效治理,巡河资源配置需要更加精准科学。"

同时,从河长制发展水平出发,工作人员就常态化巡河以来暴露出的大量形式履职现象进行汇报,指出巡河制度转型刻不容缓。值得注意的是,常态化巡河同基层河长主体需求不相适应的问题也被提出。作为基层代表,张明表示:"身处在河湖一线,自己早已疲于奔命,改变巡河规则成为包括自己在内的基层河长的普遍心声。"来自基层的呼声使与会领导大为震撼,大家都意识到常态化巡河规则的的确确存在适应性挑战,巡河制度转型已经到了箭在弦上的地步。

常态化巡河规则下,基层河长形式履职和内容履职"两张皮"问题的症结正在于河长往往是硬性指标的执行者,而不是全过程治水的协同参与者。张明坦诚谈道:"虽然多数河长在无须监督的情况下也有守土有责的决心和魄力,但组织传达下来的只有履职压力,并没有足够的信息支持和正向反馈。这样一套刚性体制之下,很多时候我可以调度的资源不足,对很多问题也就非常无奈。"幸运的是,这种无奈并没有持续多久,就被来自上级的政策支持打破了。

为了更好倾听基层河长意见，广州市在制定《广州市河长湖长巡查河湖指导意见2020版》的过程中，通过区河长办代为收集基层河长的意见，整理后反馈给市河长办，最后共收集意见16条，并采纳意见7条。张明结合自己近年来的治水参与经历，也提出了自己的意见。他在意见中强调："解决河长巡河问题的关键在于换位思考，就是要与河长同频共振。巡河工作量要与辖区水环境治理成效挂钩，这样才能真正鼓励先进、鞭策后进。"

国家领导的重要指示与来自基层的呼声促使关于差异化巡河的制度构想逐渐明晰。自2021年3月起，广州市开始对以往"一刀切""普适性"的河湖巡查规则进行全面改革，在全国首推基于河湖问题风险预警的差异化河湖巡查制度，简单来说就是河涌问题多就要多巡，河涌问题少就可少巡。差异化巡河制度颠覆了广撒网、无重点的常态化巡河模式，强调河长巡河履职要更具针对性。

这一制度在2021年6月23日发布的《广州市河长湖长巡查河湖指导意见》中被正式确立："根据河湖水环境预警情况，实行差异化河湖巡查，对于不同预警级别的责任河湖，不同级别河长的巡查频次各不相同。"这一意见的出台标志着广州市正式开启了从硬性指标导向到风险预警导向的差异化巡河履职模式转型。

2. 差异化巡河是否可行？关于差异化巡河的早期争论

不过，修改巡河规则并不如想象中那么简单，制度变革牵涉到技术治理体系与管理服务体系的整体性变革与重塑。有领导就指出："单纯变更规则确实很简单，但是如何在减负的同时保证巡河实效，最终的巡河结果能否经受得起环保督察检验，这都是值得斟酌的问题。"这一疑虑同样引发了与会者的广泛讨论，大家将争议的焦点放在了差异化巡河的可行性上。

尽管依据河湖水质状况对巡河频次进行调整看似奏效，但技术人员面临的首要挑战在于水质监测数据不全面导致的河湖态势感知困难。一方面，并非所有的河道都在水质监测的范围之内，起初，全市大约只有1/4

的河道拥有实时的水质断面监测数据；另一方面，每条河道可能只有一个水质监测点位，因此，相关数据只能反映局部的河流水质状况，而无法反映整体。

关于这一点，市河长办技术人员回应道："广州市河长办前期已经大量开展河湖水质风险预警技术积累，相关成果能够为河长巡河频次调整提供预警指引，同时也能保证将巡河资源落到真正需要巡查的地方。"不过，相关技术人员也承认，基于河湖水质风险预警的差异化巡河探索仍停留在初级阶段，下一步的推进是一个机遇与挑战并存的过程。特别是河湖水质风险预警分析需要大量水质断面及污染源定量数据作为支撑，人力物力投入巨大，这的确需要巡河制度转型决策加倍审慎。

此外，仅在技术层面进行河湖水质风险预警和巡河频次的调整是远远不够的，河湖主管部门还需在对基层河长的管理与服务方面下功夫。要想突破僵硬的、"一刀切"式的巡河规则，还需要设计一系列实用的巡河辅助工具，采取各项有针对性的服务措施，以使基层河长从中受惠，切实提高基层河长巡河履职的能力及意愿。

这次会议上关于差异化巡河的争论，很快引发了广州市领导对常态化巡河规则的关注。了解到巡河规则改变可能面临的技术和资源投入挑战，市领导专门就差异化巡河转型作出批示，对以河湖水质风险为导向指引巡河频次差异化调节、探索精准化治理的主动作为予以肯定。来自市领导的肯定，使基于河湖水质风险预警展开差异化巡河的创新思路一锤定音，相关转型争议也逐渐平息，一系列技术、服务探索就此铺开。

3. 差异化巡河一锤定音，预警模型探索初显成效

从服务需求来看，差异化巡河的核心在于通过巡河频次的弹性调节降低基层河长线下劳动强度，从而提高基层河长巡河履职的主动性；而从管理需求来看，为了确保主管部门对于辖区内河湖状况充分掌握，河长差异化巡河履职需要在线下工作量降低的前提下保证问题上报精准全面。那么，这二者如何同时实现呢？广州市将巡河制度转型的破局关键放在了河湖水质风险预警上。

传统业务条件下，基层河长往往需要通过固定的周期巡查确保上述目标实现，这会带来大量额外的履职负担。随着常态化巡河模式的弊端逐渐显现，以及信息技术的不断成熟，广州市发现基于大数据技术，辖区内河湖与排水设施的实时动态能够被河湖主管部门全面感知，建立在河湖环境数据基础上的预警分析结果，能够引导基层河长按照风险预警等级合理调整工作量，同时满足了上述服务与管理需求。

（1）数据赋能：早期河湖水质风险预警模型探索

传统河湖巡查体制下，上级部门同下级河长间存在严重的信息不对称，自上而下的硬性指标摊派，因其操作便捷、技术实现门槛低而成为河长履职资源配置的优先选择。随着常态化模式弊端逐渐暴露，以及数字技术的发展进步，基于河湖动态感知预警实现了河长履职资源优化配置，为广州市河湖风险预警机制建设纵深推进提供了需求支撑和技术支持。

广州市河长办对于河湖水质风险预警并不陌生。在差异化巡河制度正式实施以前，经过两年的摸索和迭代升级，广州市河长办内部已经建立了围绕河湖监测的内外业融合模型和早期河湖水质风险预警模型，这也构成了差异化巡河早期探索的技术源头。

内外业融合模型是广州市河长办为强化河湖监测，提升部门服务能力的重要创新举措。在基层河长巡河业务以外，河长办外业巡查团队还会对市内不同区域问题河湖展开外业巡查，巡查场景也更为复杂。但是，通过近两年的探索，外业巡查团队履职过程中也暴露出履职缺乏信息支持、巡查漫无目的等问题。因此，从河长办内部着手，广州市率先展开了河湖水质风险预警的内外业融合探索。

内外业融合模式下，内业团队通过收集问题河湖通报舆情和部门投诉数据，基于数据分析形成问题河湖水质风险清单，指导外业巡查队伍运作；而外业巡查队伍又将巡查结果反馈回内业部门，为内业部门优化数据分析精度提供思路。

与内外业融合探索同步进行的是早期河湖水质风险预警模型的建设探索。河湖水质风险预警对于提升河长办态势感知能力，强化行政效能具有重要意义。广州市河长办技术团队以河长管理信息系统为依托，在水质样本监测数据以外，探索将河长履职数据、河湖动态数据以及排水户数据等进一步纳入数据模型，搭建河长巡河预警模型，为河长巡河提供预警支持。以月度为周期，通过大数据算法推演每月的河湖问题风险状况，稳定输出达1000多宗河湖问题风险，月均有近200宗河湖被启动预警，风险预警准确率达75%。

（2）模型精度难保证，河长再度"找上门"

探索过程并不总是一帆风顺的，广州市河长办工作人员很快就碰到技术应用过程中的一颗"硬钉子"——两套模型各自存在缺陷，很难满足实际治理需要。张明对早期河湖水质风险预警模型的痛点印象尤为深刻，这也致使他对新生的河湖水质风险预警模型产生抵触情绪。他在同河长办技术人员进行反馈时就说道："河湖预警精度不高，反馈也不及时，严重影响到我们基层河长的履职绩效。"

覆盖广但精度低是内外业巡河模型的关键缺陷。内外业融合模型虽然覆盖范围广，但单纯凭人为观测，主观干预过多，精度较低。与此同时，在内外业融合模型的24项数据输入指标中，多数指标均针对性不强，甚至同水污染问题无关，这严重影响到了模型的预测精度。

与之相反，早期河湖水质风险预警模型虽然精度较高但覆盖范围始终有限。从评价指标来看，早期河湖水质风险预警模型指标确实更为贴合河湖态势感知实际。不过，受限于资源投入力度，该套模型覆盖面较窄，大量河流状况遭到遗漏。因此，像胜溪河这种小型河道，只能采用内外业融合模型进行数据采集与预测分析。但内外业融合模型的24项数据缺乏针对性，这严重影响了预测效果。

此外，两套模型也存在一些共性问题。首先是数据采集手段方面，相关数据均为人工采集统计，信息采集劳动强度大且效率低下，而人工的大量介入致使数据存在较多错漏，数据质量较低，数据存储标准化、规范化程度明显不足，这从另一方面对数据分析精度产生了负面影响。其次是数据驱动方面，原始预警分析结果反馈至基层河长手中，往往经由微信群聊渠道，通知不及时、预警反馈执行不到位、过程难跟踪、事后难评估等问题尤为突出。

面对治理过程中暴露出的重重缺陷，技术人员开始琢磨两套模型建设中存在的技术难点，并着手思考如何进行优化改善。面对两套业已成熟的数据分析模型，河长办工作人员首先想到的是将更多资源投入已有的两套模型，严把数据采集关，提升数据采集数量和质量，提升已有模型的精度广度。但如此操作存在一个问题，即两套模型的割裂运作一方面带来了设施重复建设的问题；另一方面造成了跨部门数据流通壁垒，为巡河履职信息有效流转平添了体制阻碍。

想到这里，技术团队突然找到了问题的关键，那就是这两套模型在功能属性上是互补的。与其费大气力将资源投入已有模型当中，不如整合既有模型，建立一套新的河湖水质风险预警模型，实现河湖水质风险预警的普及、高效。基于新的河湖水质风险预警模型，广州市融合了技术治理体系与管理服务体系，一方面通过技术的应用升级充分释放数据价值；另一方面通过管理要求和服务措施的调整提升河长履职的能力及意愿，建立起兼具适应性、有效性、稳定性和高效性的河长巡河履职机制。

（三）感知河湖：全量采集数据，精准预警风险

进行差异化巡河的前提条件是确定巡河标准动态变化的依据。在河湖问题风险预警导向的巡河模式下，需要掌握并评估所有河湖的水环境状态，精准预警河湖水质风险，背后需要大量的河湖预警数据加以支撑。同时，为了保证巡河履职业务信息化流转顺畅，承载大量动态变化的河湖数据及其各项分析必须以数字化平台作为支撑载体。

广州市河长办在河长管理信息系统的支撑下，以服务基层河长为原则，将差异化巡河的业务目标推动落地，积极探索一系列技术应用，改造数据生产、数据分析、数据驱动全流程，切实推动河湖态势感知能力提高。

1. 技术人员齐力攻关，全量采集河湖数据

河湖态势感知的关键第一步是数据采集。为解决人工采集信息带来的数据错漏、质量低等问题，广州市河长办积极扩展数据来源，通过河长管理信息系统、水务一体化平台等源端系统对河湖相关数据进行全量采集，优化数据生产环节。而从全量河湖数据中，广州市河长办选择了三大类与河湖水质强相关的数据，有针对性地提升了河湖主管部门对辖区内河湖与排水设施状况的态势感知能力，在一定程度上解决了无目的巡河形式给基层河长履职实践带来的困扰，为差异化巡河奠定了数据基础。

总体而言，河湖水质风险预警模型的数据来源分为三类：问题河湖舆情通报数据、涉水职能部门生产数据和河湖水质风险预警模型数据。首先，河长管理信息系统能够及时采集、存储被国家、省、市相关部门通报批评或被市级以上媒体进行过重大问题曝光的河湖信息，以供河湖预警机制调取。同时，水务一体化平台能够以数据接口的方式获取来自生态环境局、排水监测站等涉水职能部门的河湖基础数据、水质监测数据、排水污染数据等，辅助河湖水质风险预警。

此外，通过对接本地河长管理信息系统的数据库，河长管理信息系统能够通过生活排污、有毒有害排污、沉淀物排污等29项水质风险评估变量对各地区河湖水质风险进行预测，提升河湖水质风险预警模型的精准度和有效性。未来，河湖水质风险预警模型将纳入污水处理系统进水出水浓度、排水口数据和临场调查水质数据等，进一步提升模型精度（见表5-1）。

表5-1 河湖预警数据采集

数据类型	具体字段		
问题河湖舆情通报数据	村级问题汇总	镇级问题汇总	市级问题汇总
涉水职能部门生产数据	河涌长度	河涌流域面积	河涌上下游关系
	河涌类型（山区型、潮汐型、混合型）	河涌流域内雨量	河涌流域内地面类型（地面类型、类型面积）

续表

涉水职能部门生产数据	排水户类型	排水户数量	排水单元达标状态（河涌流域内）
	排水单元内排水户类型	排水单元内排水户数量	排水单元内排水户达标状态
	河长巡河上报问题	河长巡河里程	河长巡河时长
河湖水质风险预警模型数据	基于29项水质风险评估变量综合分析得出		
未来拟获取和增加数据	污水处理系统进水出水浓度	排水口数据	临场调查水质数据

将采集到的数据通过ETL工具进行清洗、转换，针对不完整、错误、重复等不符合要求的数据进行过滤、去重、格式转换、缺失值补充、校验等操作，生成满足数据标准及质量要求的数据并加载存储在本地基础库中。

2021年7月26日，广州市发布了地方标准《河（湖）长制管理信息系统数据规范》，对基础库中包含报表模板、报表字段表、报表实例表等在内的45份数据库表结构进行设计，明确河流（涌）湖库编码规则，并严格设定各类型数据的字段名称、代码、类型、长度等。如此一来，数据管理的标准化、规范化程度显著提高，为数据有效发挥预测作用奠定了基础。

2. 突破传统技术路线，实现水质精准预测

针对差异化巡河早期探索阶段存在的信息采集分析效率低、模型预警机制割裂、反馈执行不到位等问题，广州市河长办紧紧围绕业务需求攻坚克难，决定合并既有的两套模型，创新推出基于大数据的河湖水质风险预警模型，实现数据分析环节的突破创新。

模型参考《地表水环境质量标准》（GB 3838—2002）、《城市黑臭水体整治工作指南》水质分类分级标准，发布各条河湖的预警情况，启动黄色、橙色、红色三级预警，为全市基层河长巡河安排提供高精度、广覆盖的预警指南。通过完善河湖水质影响要素，同时基于大数据技术,建立市域范围河湖水质风险预警模型的技术思路就此迈出了坚实一步。

传统河湖预警机制往往采用基于水质时序数据的自回归预测技术,或基于水动力的建模预测技术,但上述方法或受限于数据采集设备的有限部署,或难以克服流体物理运动机制同环境交互的复合效应,因而难以平衡河湖水质风险预判范围全覆盖和数据参数缺失的矛盾。

为此,广州市从河湖水质预警方法创新着手,以"预防为主、风险防控"为原则,以内外业融合方法为技术路线,利用河湖相关的数据搭建河湖水质风险预警模型,将河湖基础数据、河长履职数据、流域关联的污染源、排水单元、排水户、污水处理厂、降雨、地类分布等数据与河湖水质建立关联关系,以月度为周期,通过大数据算法推演出每月的河湖水质情况。

河湖水质风险预警模型的引入耦合了水污染形成机制,扩展整合了河湖周边数据,如下垫面条件、水环境容量、污染源等,突破了原有模型精度不足、覆盖面不广的局限。同时,丰富的数据来源也使河湖水质风险预警成为可能,监测预警精度得到充分保障。参考数据挖掘的标准思路,广州市河湖水质风险预警模型在模型搭建、模型训练、模型迭代优化三个阶段展开创新,力图实现河湖水质精准预测。

(1)优化参数指标,水质风险无所遁形

为了通过水质预测提升河长履职效率、压实河长责任,广州市河长办建立起对河湖水质风险预警模型的数据体系,利用河长、河段、问题、水质四种关联数据进行河湖水质风险预警模型的参数预设。在前期数据预处理的基础上,进一步通过缺失值、异常值处理,以及特征工程手段挖掘预处理数据所包含的深层信息,将不满足模型分析条件的特征进行转化,并衍生出模型需要的新的特征。

由于数据模型的质量直接关系到围绕数据开展的所有工作的实际成果,广州市河湖水质风险预警模型围绕数据准确性、完整性、时效性,以及可扩展性原则展开评价指标分析,并根据采用的机器学习算法采用相应的模型评估指标［如评估分类模型的整体预测性能的指标预测准度（Accuracy）、预测精度（Precision），比较不同模型的受试者特征曲线（ROC-AUC）得分、AIC/BIC 得分等］，并通过月度实际数据来评估模型的泛化性能（也以此为基准和优化方向不断迭代调整模型），切实保证数据模型的泛化性能和预测预警质量。

（2）应用深度学习，预测效果提升优化

在深度学习方法中，海量的训练数据意味着能够用更深的网络训练出更好的模型。在河湖水质风险预警模型探索初期，由于前端物联感知数据的缺乏，大量数据的缺失影响了模型的预测效果。广州市打造的专业外业巡查队伍能够为模型训练源源不断地提供真实的河湖数据，解决了上述问题。专业外业巡查队伍目前主要掌握了1/7较为完整且准确的河湖数据，并且能够以这部分精准的数据作为模型的训练集进行模型训练。

广州市通过现有的数据对全量河湖特征进行梳理，采用无监督学习的聚类算法对全市的河湖进行水质分类，构筑问题与水质的关联关系，将所有样本实现"物以类聚"，即同一个聚类簇的样本尽可能彼此相似，不同聚类簇的样本尽可能不同，贴上伪标签。相似类型的河湖缺失数据得到补充，从而可获得广州市全量的河湖数据集，既能对已有水质监测数据的河湖进行评估，也能对缺乏水质监测数据的河湖水环境进行预警。

通过直接调取系统中的舆情、水质、河湖问题数据以及对接数据分析模型结果，该预警模型每月可定时输出有问题反弹风险的河涌名单，并自动计算河湖预警级别，作为河长差异化巡河的数据基础与依据。预警输出结果按六级水质进行分类，由于地表水环境质量标准前三级水质为优质水体，模型预测结果的混淆矩阵表明：完全区分优质水体的具体等级效果不佳，且对预警结果在实际应用层面无负面影响。因此，更合理的模型训练和输出等级优化为Ⅲ类以上、Ⅳ类、Ⅴ类、劣Ⅴ类四个等级的水质，从而提高模型训练的质量，并且降低应用层面的误判。

（3）对照履职实效，模型迭代永无止境

广州河湖水质风险预警模型在从技术赋能到业务应用的过程中，十分重视模型在应用管理阶段能否满足业务需求，是否充分发挥其效能。为了保证预警分析质量，模型开发技术人员会根据基层河长履职实效来验证河湖水质预警效果。若预警效果不良，则会改进现有模型，通过不断迭代输入，持续性地进行参数调优，提升模型的解释能力和实用性。

同时，为了提升模型预警效果，广州市河长办还积极引入卫星水质反演技术、视频图像识别等技术手段，丰富河湖基础数据，提升河湖预警的精度与广度，进而在河湖水质预警基础技术框架上扩展了"易返黑返臭"河湖预测综合风险评估方法。

3. 技术应用成果落地，动态调整巡河频次

随着河湖水质风险预警模型逐渐完善，差异化巡河实现的技术基础得以构建。通过对河湖水体污染风险的预警分析，广州市河长办以水质风险预警为导向及时调整履职指标，为基层河长灵活调整巡河工作安排提供信息参考。市河长办在每月1日前已经对全域河涌水环境质量进行预警模型计算，并将预警河涌名单下发至各区河长办、市各流域事务中心。广州河长管理信息系统能够依据不同预警级别自动生成该月度的巡河次数要求，预警等级越高，巡河次数越多，提醒各级河长优先关注预警等级较高的河湖。

根据2021年6月23日印发的《广州市河长湖长巡查河湖指导意见》，市级河长不实行差异化巡查，巡河频次为每季度巡查不少于一次，市级以下河长则根据河湖水环境预警情况，实行差异化河湖巡查，具体巡查频次要求见表5-2。对于无预警的河湖，各级河长也要动态掌握情况，结合实际要求开展自主巡查，确保及时发现并上报河湖问题。

巡河频次的调整从根本上突破了普适性的河长常态化巡河履职模式，使河长巡河履职工作能在最大限度上顺"势"（河湖态势）而变，河湖治理工作更具针对性；同时，这也意味着基层河长从此不必为满足任务指标而整日奔波，个人时间得到充分解放。

表5-2 河湖差异化巡查频次要求

预警级别	河长级别	巡查频次要求
无预警	区级河长	每月巡查任意责任河湖（河段）不少于1天次
	镇街级河长	每月巡查任意责任河湖（河段）不少于1天次
	村居级河长、河段长	每旬巡查任意责任河湖（河段）不少于1天次
黄色预警	区级河长	每月巡查预警河湖（河段）不少于1天次（任意条段）
	镇街级河长	每月巡查预警河湖（河段）不少于1天次/每条（段）
	村居级河长、河段长	每旬巡查预警河湖（河段）不少于1天次/每条（段）
橙色预警	区级河长	每月巡查预警河湖（河段）不少于1天次（任意条段）
	镇街级河长	每月巡查预警河湖（河段）不少于3天次/每条（段）
	村居级河长、河段长	每旬巡查预警河湖（河段）不少于3天次/每条（段）
红色预警	区级河长	每月巡查预警河湖（河段）不少于1天次/每条（段）
	镇街级河长	每月巡查预警河湖（河段）不少于5天次/每条（段）
	村居级河长、河段长	每旬巡查预警河湖（河段）不少于5天次/每条（段）

（四）一举两得：巡河要求软着陆，职责履行硬落实

随着河湖水质风险预警模型的落地运用，从水质预警到河湖巡查再到问题处理的全过程业务链条在数据驱动下不断完善，硬性、"一刀切"的巡河要求逐渐软化，更富灵活性，切实为基层河长减负。不过，值得注意的是，差异化巡河不等于少巡河，而是追求巡河效率的提升，巡河职责必须实实在在地履行到位，否则基层河长仍然面临着高度的问责风险。

下一步，广州市开始思考如何软硬兼施，在刚性的制度要求下尽可能地为河长巡河履职谋求方便，在巡河要求"软着陆"的同时，推动职责履行"硬落实"。为深化运用河湖水质风险预警模型输出的数据结果，广州

市坚守协同治理目标，坚持服务导向，以方便河长履职为原则，推出了一系列围绕河长履职能力与意愿提升的创新举措，力求基层河长"有所为"，实现"管理无感、服务有感"。

例如，广州市针对河湖长"要干什么""应该怎么干""干得怎么样""怎样干更好"等问题，广州市以统筹兼顾为基础，以解决问题为重点，打造了"四个一"河长履职"工具包"，即一卡、一单、一榜、一报告，有效推动河长履职工作提质增效，以头雁效应激发"雁群"活力。

借助数字工具，广州市"服务河长"的理念得到了践行，河长管服工作实现程序化、系统化、智能化，河长责任义务压实，履职效能有效提升。作为第一批参与差异化巡河试点的成员，张明对市河长办的创新倍感振奋，并积极参与到后续推广工作中。他认为："差异化巡河一是减轻了巡河负担，二是真正做到了指向性、针对性的巡查，这些举措坚定了我们基层河长更好履行职责的决心。"

1. 提醒先行，履职短板及时发现

在传统的常态化巡河模式之下，河长根据制度要求中固定的频率定期巡查河湖，但在这一过程中，河长未收到履职相关的提醒，既不知道自己的巡河履职究竟成效如何、河湖状况有怎样的变化，也面临着因工作繁忙而忘记巡河的问责风险。这种得不到提醒、收不到反馈的管理模式极大挫伤了河长巡河履职的积极性，协同意愿也随之降低。

在差异化巡河模式之下，基层河长每个月的巡河频次并非一成不变。如何高效、及时反馈河湖预警信息，助力河长更好掌握河湖动态，成为广州市河长办首要考虑的问题。广州市河长办积极转变服务理念，与基层河长换位思考，依托河长 App 打造了"履职清单""履职榜""总结报告"等功能模块，帮助基层河长及时发现履职短板。

"履职清单"由河长管理信息系统将河湖预警信息同步至河长 App，再由河长 App 为河长推送当前周期预警的责任河段及巡河任务清单，实行"清单化"履职、"傻瓜式"履职（见图5-3、图5-4）。河长用户进入巡河模块后，如果没有河涌预警，会显示所辖河涌信息列表，由河长

自行选择履职河涌；如果有河涌预警，则会直接进入预警河涌的巡河界面。

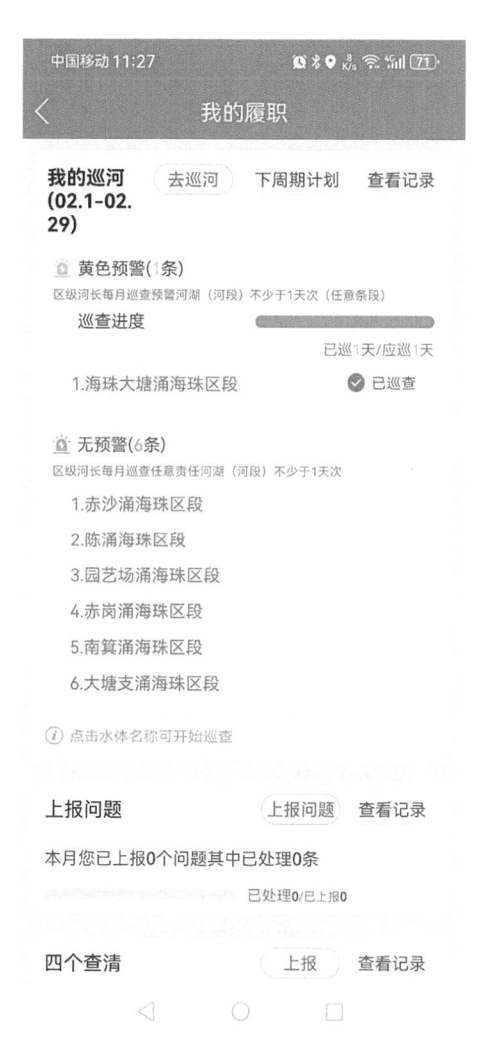

图5-3 河长履职提醒

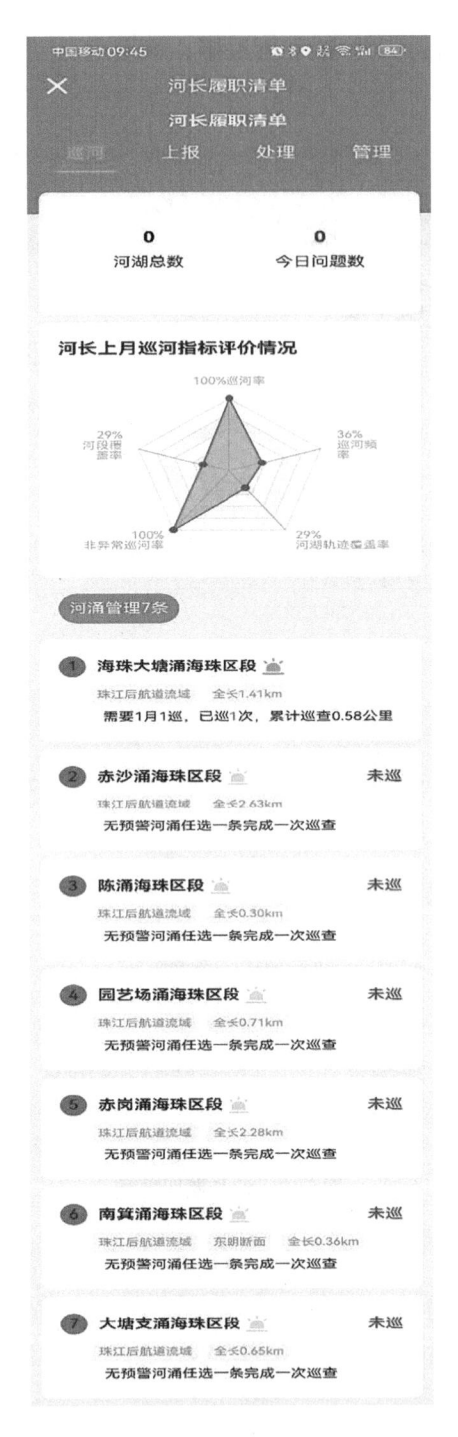

图5-4 河湖水环境风险预警提醒及"清单化"履职页面

"履职清单"的推送能够帮助河长对标履职工作要求，及时掌握自身履职动态和工作进度，有助于坚定河长履职信心，推动河长科学履职，以"了然"施药"已病"，实现精准防控、靶向施策，全面提升河长履职效率。

张明对这一功能赞赏有加："在履职清单中能够一目了然地看到自己所巡查河湖的预警状况和巡河工作完成情况，与以往微信群中碎片化的通知信息相比，清楚多了，也方便多了。"对于基层河长而言，事前的提醒无疑要比事后的问责"温暖"得多，压力部分转化成了动力，河长的巡河履职也会更加积极主动。

"履职榜"提醒河湖长"抓紧干"，帮助河长更好掌握自身履职能效（见图5-5）。广州市河长办依托河长App定期每季度分析总结河长巡河及问题处置情况，生成河长履职评价（分数），直观提醒河长在河湖巡查、问题处理、下级河长管理等工作中存在的问题并提出改善建议；形成河长履职榜单，与全市同级别河长横向对比，使河长了解自身履职所处水平，营造出争先恐后的良性竞争氛围，让"榜单河长"激起以优促优的千重浪。

年度履职总结报告可以帮助各级河长充分了解一年中工作的开展情况，看看自己干了哪些工作，是怎么干的，干得怎么样（见图5-6）。总结不仅是总结成绩，更是总结经验教训。在总结过往时能够从中挖掘信息，更好地进行查漏补缺，找到做好工作的规律，提高认识和辨别能力，增强锚定既定奋斗目标、意气风发走向未来的勇气和力量。

2. 功能集成，提升履职便利程度

"工欲善其事，必先利其器。"秉持服务理念，广州市借助数字技术打造了一系列便利功能，确保基层河长想干愿干的同时能干会干。

为确保新上任河长及时履行河长职责、跨越专业隔阂快速上手、维持履职延续性，广州市为各级河长量身打造专属履职"明白卡"（见图5-7）。通过"河长明白卡"，河长可以了解个人履职要点、管辖河湖的河湖问题及预警情况，明确近期河湖治理的工作重点及河湖管控风险点，以"先

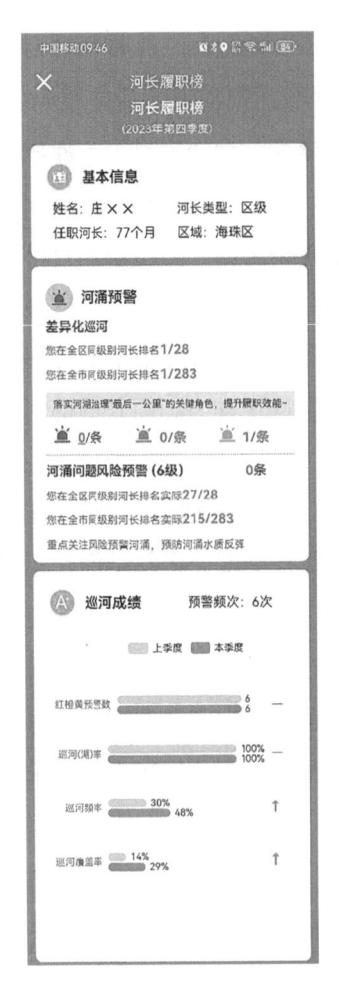

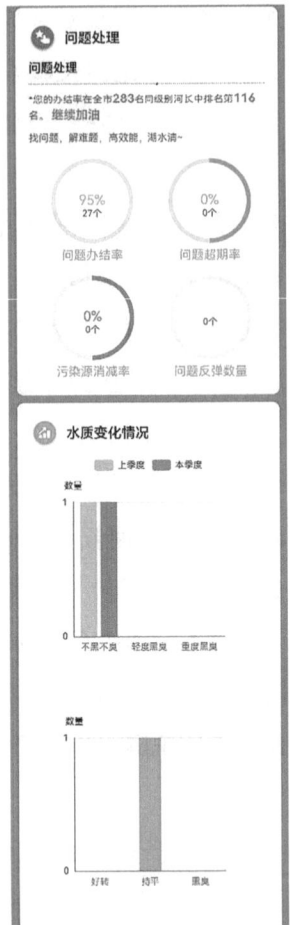

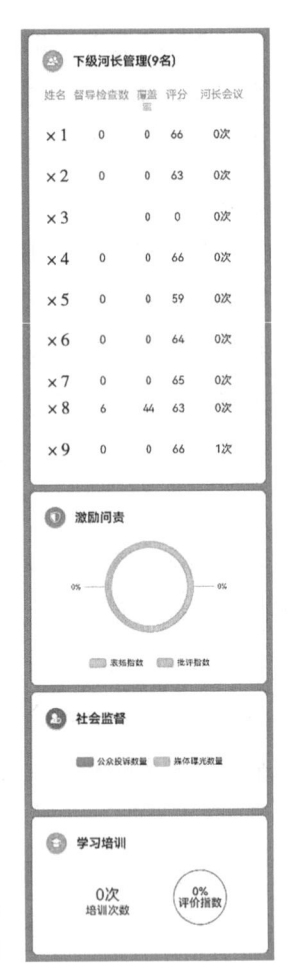

图5-5 河长履职榜

知"对症"未病",防患未然。

　　为了应对河湖巡查过程中可能出现的各种状况,河长App开发了"草稿箱"和"巡河多样化"功能模块以促进河长巡河履职便利化。当出于信号等客观原因导致河长App无法实时上传巡查记录时,河长可使用App提供的"草稿箱"功能,留存巡查记录,待信号恢复后再上传记录,实现离线巡河。确因特殊情况无法实现以上操作的,可通过"巡河多样化"功能上传纸质巡查记录。

　　在巡河、履职过程中,当遇到问题需要联系相关部门或相关单位进

图 5-6 河长履职报告

行处理时，河长还可以利用河长 App 中的"即时通信"功能快速找到相应的联系方式，并能以实时文字、语音通信的方式，便捷高效地进行即时沟通。

此外，为解决张明等基层河长提到的信息支持不到位、辅助学习手段不充足的问题，广州市河长办制定了2021年巡查指导意见与差异化巡河解读直播课程，对为什么实行差异化巡河以及如何开展差异化巡河工作作出详细的介绍，并组织各级河长学习。相关课程上传到"共筑清水梦"小程

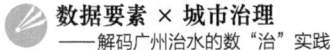

图5-7 河长"明白卡"

序河长课堂，河长可以随时回看课程，更好地适应巡河履职工作。

河长 App 也提供了学习专栏，宣传治水知识与先进做法，为基层河长提供各类问题的解决案例。通过借鉴学习，可以起到互相促进、互相提高的作用，河长发现问题和解决问题的能力得到大幅增强。

总而言之，包括巡河工作、事务交办流转处理、问题跟踪、信息查询、沟通交流、学习培训等在内的日常履职行为都被纳入广州河长管理信息系统中进行一体化管理。张明等河长对这一系列数字化平台提供的服务赞赏有加："有了河长 App，巡河履职方便了许多，碰到的问题可以在平台上学习，或是和其他河长交流学习，处理不了的问题也能快速上报，好用，自然大家也就爱用了。"

这些让河长受益良多的变化都要归功于河长办"管服一体"理念体系的建立。数字化平台设计之初，旨在保证各类河湖污染问题在上报、转办、受理、办结等过程中能够顺利流转；随着河长办越来越强调服务"服务者"，平台中的应用更多转向了河长履职便捷性和规范性的提升，一系列暖心功能得以落地应用。

3. 责任落实，凝聚共识形成合力

巡河频次的弹性调整并不意味着巡河效能的降低，河湖风险预警数据驱动下的基层河长巡河资源供给能够同河湖治理需求更好匹配，信息精准、报到迅速、整改及时构成了差异化巡河机制下长效协同的鲜明特征。

在差异化巡河机制下，各部门及河长个体均有明确的任务分工，确保责任落实到位。每月的预警河涌名单公布后，各区河长办、市各流域事务中心根据名单开展现场摸查，包含河涌污染源常规摸查、河涌网格化巡查、小微水体巡查、管网系统摸查及其他类型问题巡查等，全面查清河涌存在的各类问题。巡查结束后编制河涌巡查报告，报告主要内容包括但不限于河涌现状、现场巡查情况、问题成因分析、对策和工作建议等。

随后，区级河湖长根据河涌巡查报告中的问题情况，牵头组织布置整改任务至区级职能部门或镇街级河长，举一反三，进行系统整改。问题整改中要明确整改措施、整改实施计划，并明确责任主体。如问题整改不到位，则该河涌将持续预警；问题完成整改后，由区河长办编制河涌整改情况反馈报告送至河涌所属流域管理机构，并抄送至市河长办。市各流域事务中心根据反馈报告的情况，开展抽查复核工作。

明确的职责分工有利于确保各方同出力，河长上报的问题能够得到整改与解决，基层河长在持续不断的正向反馈中能够增强治水信心，履职责任进一步被压实，进而实现协同目标。

风险预警不仅能辅助调整河长巡河频次，还为各级部门联防联治指明了发力方向。针对预警级别高的河涌，市流域事务中心，区、镇街河长办，基层河长拧成一股绳，共同排查苗头性问题，将隐患消除在萌芽阶段，避免水污染影响扩大。对于难以解决的疑难杂症，将由市级或区级河长进行协调。针对河长巡查过程中发现的各类问题，各级河长需要及时反馈至河长办联动解决。对可自行组织处理的问题，应通知当事人或保洁人员及时处理；对在其职责范围内无法解决的问题，则通过河长App上报至上一级河长办，由河长办按职责范围交办到相应职能部门处理。

在层级体系下，基层河长或河长办的职责与其职责范围相适应，从根本上破解了"有心无力"的难题。

（五）韧性治理：减负提效两不误，基层河长笑开颜

1. 基层河长：看得见、摸得着的改变

"差异化巡河给基层河长带来的改变是看得见、摸得着的"，张明在差异化巡河实践研讨会上这样谈道。在这次会议上，张明作为差异化巡河履职先进代表上台讲话，讲述巡河规则改变给他带来的满满收获。实施差异化巡河后，在河湖水质稳定在Ⅲ类水质的情况下，张明对河湖的巡查次数减少到每月2次。这对住处离巡河地点较远的张明来说，是切切实实的工作改善体验。

与此同时，河长App巡河打卡功能的完善，基层河长只需要查看自己的履职清单，即可了解自己的河湖巡查情况。若有需要，张明就会在下班过后来到胜溪河畔，打开河长App开始巡河。偶尔来到河堤步道，漫步沿

河两侧，这对工作繁重的张明来说既是身心的放松，也是高效履职的重要保障。

差异化巡河机制并不是给了基层河长偷懒的借口，而是为基层河长工作安排提供了选择空间，正向激励河长履职。不同于传统巡河规则中基层河长每天都有固定巡河指标，新制度下基层河长可根据河涌本底情况、个人时间自主灵活安排巡河任务。巡河任务与所辖河段水质等"成效履职"挂钩，对河长切实开展巡河工作有正向激励作用。

番禺区洛浦街道的一名村（居）级河长谈道："我觉得现在工作量相对来说是比以前的少了，但实际上对我们河长的工作要求提高了，污染源发现要更细……以前巡河要花费大半天，现在可以把时间重点放在巡查污染问题多的河涌，自己也能更自由地支配时间。可以说是花更少的时间和精力达到了同样的巡河效果。"

对于河湖水质风险预警这一创新探索，河长们更是好评连连。基于预警级别调整巡河频次，能够使基层河长以河涌问题为导向，对污染风险意识有所侧重，感受到被服务的温度。以往的巡河工作通常是要在污染源出现后才能发现问题、解决问题，对河涌的管理实际上是不及时的、落后的。在差异化巡河机制之下，智能化、个性化的河涌预警信息推送，极大提升了基层河长巡河履职工作的便利程度，让基层河长对巡河更有信心。

一方面，水质风险预警能够帮助河长发现隐蔽问题。经常发生的一种情况是，在河长的认知范围内觉得没有问题的河涌，在收到预警后再深入挖掘，往往能发现隐蔽问题。一位河长谈及预警模型的好处："有时候河长办预警，我们去巡河，结果发现了一些我们当时巡河没发现的问题。例如有些管网底部渗漏，我们就看得不够仔细，过去的时候也许由于各方面的原因没有注意到。"

另一方面，水质风险预警能够起到警示提醒作用，帮助发现平常容易疏忽的问题。一位河长指出，"按我们的理解，水质预警就是有时候第三方检测出水质有点问题，或者是觉得我们对那条河的巡河力度不够才预警的，所以预警后，我们巡河也会格外仔细一些"。

河湖水质风险预警模型的精确性，获得了村（居）级河长周鹏（化名）的点赞："上周预警监测到十八社河涌有问题，我们本来没觉得有什么问题，所以就抱着看一看的心态去巡查，结果发现河堤旁边的居民房化粪池的污水渗漏进入河流……预警机制是真准确，我们后来进一步摸查发现，原来整片化粪池都出现渗漏。这个问题幸亏被及时发现解决！"

基层河长的亲身体验点明了基于河湖水质风险预警模型的差异化巡河机制的实质，道破了这一机制能够产生减负增效效果的真正原因。在数据驱动和理念转变的双向赋能下，河长对巡查河湖的关注更具针对性，通过多巡问题多的河涌，河长能够在"巡河—反馈—再巡河—再反馈"的多次循环中不断提升自身履职能力，练就一双发现、识别水污染问题的"慧眼"。同时，巡河负担的减轻也让河长能够将更多时间、精力、行政资源放在河湖返黑返臭风险隐患查找以及河湖问题溯源上。

张明坦言："过去的巡河，我的重点主要在暴露明显的问题和容易解决的问题上，看中的是'治标'。那么，现在我的重点则在更深层次的'治本'上，减少巡查一些水质情况比较稳定、返黑返臭风险较低的河涌，让我有更多时间去开展污染溯源、狙击偷排漏排、追查截污管破损等源头治理任务。差异化巡河真正让我意识到自己也能在河湖全过程治理过程中产生这么重要的作用，可以说巡河现在已经很好地融入了我的生活。"

2. 韧性提升：差异化巡河的整体突破

通过技术上攻坚克难与管服上配套完善的结合，广州市已建立起差异化巡河长效机制，旨在遏制河湖返黑返臭，力促水环境"长制久清"。差异化巡河机制不断迭代进步，改变了过往"运动式""任务式"治水思路，充分利用大数据技术、遥感技术、图像识别技术等指导河长关注重点河湖；同时通过管服理念转变和管服举措的配套组合，增强对河长的正向激励并建立长效机制，释放数据赋能河长制的深层能效，最终，从适应性、有效性、稳定性与高效性四个维度全面提升了河湖水环境治理的韧性。

其一，差异化巡河机制能够良好适应水环境治理的需要。差异化巡河机制颠覆了传统模式中普适性、"一刀切"的巡河规则，以水环境质量与河湖问题为导向，引导河长湖长关注水质反弹风险较高的河湖、发现并推动解决重大问题。

在4—6月差异化巡河机制试行期间，区、镇街、村居三级河长的巡河率分别为99.88%、99.77%、99.61%。7—9月正式实行期间，巡河率分别为99.88%、99.98%、99.61%，巡河率基本保持稳定且略有上升，表明巡河频次的调整并没有影响巡河完成率，各级河长湖长对动态变化的差异化河湖巡查具有较好的适应性。

其二，差异化巡河机制作为源于技术创新的制度创新，能够有效落地、切实发挥减负增效的设计初衷。对于差异化巡河制度的有效性，广州市一直予以高度关注。自差异化巡河推行的两年半以来，河长办电话访谈了1235名河长，其中镇（街）级河长355名（占同级28.74%），村（居）级880名（占同级71.26%）。上述河长中有96%的河长知晓这项制度，且知道自己负责的河涌当月预警情况。

基层河长尤其是村（居）河长的重点任务就是巡河上报问题。通过对全市河长在2022年1月至2023年5月的巡河数据进行分析，广州市河长办选出了四位村（居）级河长，分别是番禺区洛浦街道东乡村、西一村村（居）级河长、白云区龙归街道南村、永兴村村（居）河长，并分别在2023年5月19日和6月9日开展了现场实地调研。调研结果表明，差异化巡河制度在基层河长履职方面具备的优势已经形成了一定的共识。

其三，差异化巡河能够通过提前预警有效预防负面影响，提高治理稳定性。风险预警模型实时预测广州市1300多条河涌存在的风险，能提前发现问题、暴露问题，防患未然。通过不断对数据及机制优化升级，风险预警面模型的准确度已达到75%。

2021年，发生16宗"预警在前，负面影响在后"的事件，侧面验证了预警的准确性。通过预警在前，推动河长加强巡河履职，进而提前发现问题、暴露问题，及时解决问题，避免负面影响，不断将防范化解重大水质风险的工作做实、做细、做好。

其四，差异化巡河机制在巡河履职提质增效方面取得重大突破，河湖治理更加高效。差异化巡河机制实行后,河长巡河单次发现问题次数显著提高。1—3月,在旧巡河规则下,河长巡河单次发现问题次数为0.06次,4—6月试运行期间为0.68次,7—9月正式实行期间为0.95次(可能是因为模型精度的不断提高),7—9月对比1—3月单次巡河发现问题提高了59%,大幅提升了巡河效率。

与此同时,减负增效效果明显。全市各级河长在巡河次数减少24%、巡河总里程下降20%、总时长下降30%的情况下,问题上报数量持平,发现问题率上升17%,重点问题上报率提高7%,而且这是由于部分河长仍按照原来"每日一巡"的方式"惯性"开展巡河任务;否则在理论上,巡河次数最多可减少40%左右。可见,在风险预警模型和人工调控的辅助下,河长履职更有针对性、更为人性化。

二、数据赋能强监管——层层收紧的监管"金字塔"

水清、岸绿、景美历来是水务人所怀抱的诚挚梦想,广州市河涌监测中心的同志望着眼前波光粼粼、清澈见底的河水露出了由衷的笑容,转头说道:"连续三个月排在全市前列,确实值得肯定和表扬!"这已是他们第二次来参观陈烁(化名)所管辖的水域,上一次他来的时候这里还是一条人人避之不及的黑臭河涌,基层河长只有碰上领导巡视才会做些面子工作,现在,全新的生态美景与踏实负责的陈烁一同成为全市河长的学习榜样。"多亏了咱们河长办,让我有动力做,有能力做!"陈烁打开手机上的河长App平台,传达了对河长办的感谢。

昔日黑臭不堪的河涌能够变成如今的清澈河道,离不开广州河长办专家对治水痛点难点的把握和对河湖强监管体系的构想:"人"是最关键的要素,许多好的制度没能达到应有的成效就是因为忽视了执行和监管环节,河长制需要凝聚各级人员的向心力,画出治水责任的同心圆,重点关注处在治水一线的基层河长——他们是否将河长责任落到了实处?强监管体系的建设背后凝聚着管理者的汗水与智慧。

（一）问题识别：治水责任"名难副实"，河湖监管道阻且长

近年来，广州市河长办数字化转型卓有成效，创造了累累硕果。然而，转型前期，也存在水环境治理历史遗留问题多，河长履职积极性不高、效率低等问题。比如，各区都存在涉水违建、雨污合流、污水直排等情况，部分河长在上报时避重就轻甚至不上报，到市级巡查时才问题频出，导致黑臭河涌问题越积越多，河湖监管出现明显短板，处于"名难副实"的尴尬境地。可见，数字化转型背景下河长制工作的落实和压实过程仍然面临一系列亟待解决的难题。

河长办在河长制的设计与推行过程中发挥着重要的统领作用。随着广州市河长制发展逐渐步入"深水区"，应高度重视日益凸显的河湖监管"名难副实"问题，并探索出解决这一巨大掣肘的良策。各个河湖监管部门达成共识："名难副实"问题的关键在于传统河长监管体系监管乏力，无法正确评价基层河长履职成效，更难以有效提升河长日常履职能力，河湖主管部门都面临难度大、成本高、效果差的监管困境。

1. 数据效能难释放，巡河履职监管难

尽管收集了大量河湖治理数据，"看不见"基层河长履职的问题仍始终困扰着河长办，源源不断产生的河湖治理数据与基层业务实际产生脱节，极大的形式主义履职操作空间给河湖监管带来了巨大的困难和管理成本。

工作例会上展示的统计数据：2018年村居级河长近4周平均巡河上报问题率（上报问题人数占巡河人数比率）仅为12%，河长表面上都有巡河，但实际上报问题的寥寥无几，而有质量的问题更是少之又少；村（居）级河长"四个查清"（违建、排水口、散乱污、通道是否贯通）完成率低，平均完成率为12%，未按要求完成内容巡河工作；仍然存在履职较差的典型河长，如不巡河、虚假巡河（巡河轨迹离责任河段较远）、不上报问题，经市级暗访发现严重的河涌水质问题。不仅于此，河长自行办结

问题数量逐月飙升，2018年12月甚至达到近3000件（见图5-8），问题上报及办结质量令人担忧。

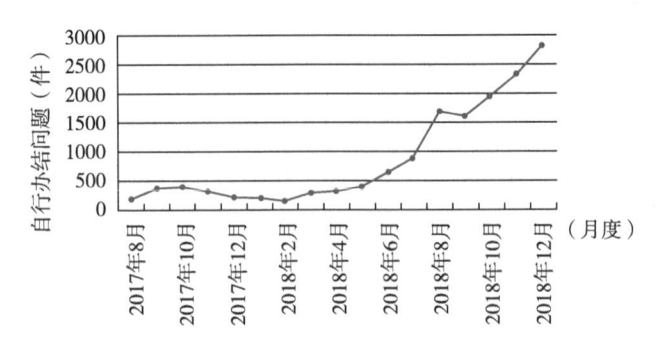

图5-8　自行办结问题统计（2017年8月至2018年12月）

广州市河长队伍庞大且来源复杂，落实到河长个人的跟踪管理面临极大的管理技术挑战，在传统模式下，基层河长拥有很大的自由操作空间：面对棘手问题时，基层河长往往会在上报问题时避重就轻，缺乏积极性；而面对轻微的问题，则出于省事考虑，选择投机取巧，规避正规上报程序，将大量本该协同办结的河湖问题自行办结，严重影响到河湖问题上报及办结质量。抽查、突击、暗访等监管手段一方面监管成本极高，面临诸多执行挑战，难以形成有效震慑力；另一方面则往往治标不治本，对于后续整改情况的监督同样缺乏抓手。

此外，在围绕河湖治理数据形成的常态化河长考评指标建立以前，广州市河长履职并没有形成一套明确的考核评价机制，这致使河长履职情况的动态追踪缺乏证据支持，进而导致数字化监管过程的非常态化与不可持续。

"问题上报、巡河轨迹等数据尚未能实现实时、全面的更新，导致上级难以准确把握基层河长的巡河工作完成情况，监管系统的问题识别功能较弱。"河湖主管部门的数据工程师表示："现在河长办用于监管的信息平台仍然还只是雏形，对后台的数据缺少有统一标准的全视性分析，也缺乏分级分类的成效输出和完整过程追踪，另外，数据主要落足于单个河长，不够系统化,需要通过技术应用进一步挖掘数据的价值。"

2. 刚性考核弊端显,河长履职优化难

对河长进行监管的目的是提升其履职能力,优化河湖治理效果。在传统模式下,河长所接受的是自上而下的单向监管,完成硬性的任务安排指标往往是河长履职的第一要务,压力型体制下的高压硬指标虽然能够在一定程度上提升基层治理效果,但长远来看并不乐观。

河长信息系统上报数据显示,2020年2月28日以来,全市共有720宗超期问题,超期100天以上问题比重为25%,部分区甚至有超过100宗的超期问题积压于系统之内(见图5-9)。"2017年推行河长制时巡河率只有60%左右,很多制度不健全。当时想通过问责去驱使河长履职,纯粹以结果为导向,采取'一刀切'的那种问责方式,但大部分河长当时都刚接触河长制工作,很多东西是不懂的,就因为不知道怎么去做而导致被问责,其实是很不满的。"河长办工程师回忆道。

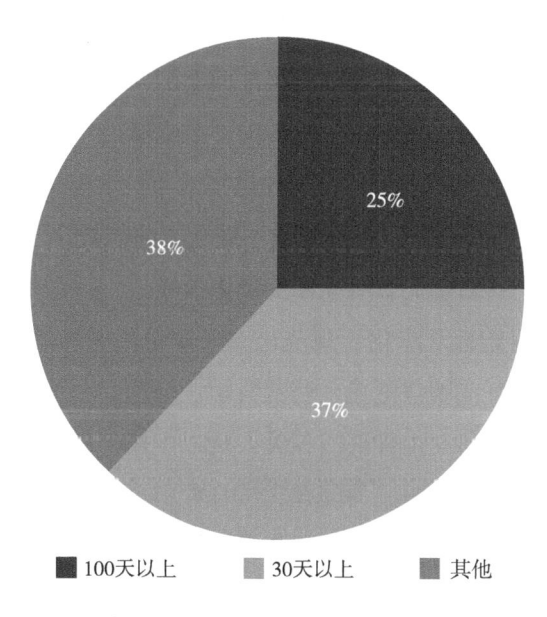

图5-9 超期问题总数比例(2020年2月28日)

在巡查人员走访的过程中,有河长表示,河湖考核标准单一、模糊且要求高,重量不重质的考评致使工作的好与差难以区分,严重影响到河长的履职积极性。还有一位河长对超期问题数据抱怨道:"虽然确实存在问题,可是这条河上任河长就没管好,我一时半会也想不出法子呀,上级也得了解下我们的真实情况指导一下才行,不然下次巡查也还是只能交这样的卷子,我们有时候也是心有余而力不足。"

可见,一方面,硬性监管下的压力传导和考核失衡增加了基层工作负担,挫伤工作积极性;另一方面,监管方在刚性考核后缺少相应服务资源的提供,被监管方的能力提升仍处于瓶颈阶段,进而影响工作实效。由于缺乏可持续的制度激励、高位驱动和监管纠正,各级基层河长、河长办即使在接收到问题反馈后,解决问题的动力和能力仍然不足,进而导致河湖问题大量超期积存。这不仅给各级河长办带来了海量监管压力,也使河湖监管陷入被动。

(二)技术治理:深化态势感知,释放数据效能

经过广泛的基层调研,河长办认识到实现智慧治水不仅需要转变治理方式,更要转变治理理念。为应对接踵而至的治水难题与监管困境,治理理念应由单纯的"信息平台建设"转向"数据赋能",构建生产—分析—驱动—成效的数据治理体系,推动先进技术与科学模式的结合,推动管理者对被管理者的态势感知,全面释放治理数据的能效。

1. 数据生产:首创河长履职评价量化指标

为推动河湖监管常态化、规范化,科学量化考核河长履职的全过程,实现基层河长监督范围全覆盖,制定科学、合理、全面的河长履职评价体系是十分必要的。河湖主管部门相关人员以广州河长管理信息系统运营经验为基础,挖掘河长履职源头问题,结合党中央、国务院和有关部委对河长制推行的具体目标要求以及广州河长履职评价现状,对河长履职相关因素进行数据分析,在全国首创了一套面向河长的履职评价指标体系及评价方法,落地形成量化评价工具。

该指标体系及方法以"三种履职"(形式履职、内容履职、成效履职)和"四种管理"(日常管理、分级管理、预警管理、调度管理)为内

容，具有全方位、全周期、立体化等特点。具体而言，该体系包括河长巡河、问题上报、问题处理、下级河长管理、河湖水质、激励问责、社会监督、学习培训8个维度的一级指标，并进一步细分为24个二级指标（见表5-3）。

表5-3 广州市河长履职评价指标及获取方法

一级指标	二级指标	获取方法
河长巡河	巡河率	河长系统计算导出
	巡河频率	河长系统计算导出
	河段覆盖率	河长系统计算导出
	巡河轨迹覆盖责任河段覆盖率	河长系统计算导出
	异常巡河率	河长系统计算导出
问题上报	问题上报率	河长系统计算导出
	重大问题上报率	河长系统计算导出
问题处理	问题办结率	河长系统计算导出
	问题超期率	河长系统计算导出
	问题超期周期（问题平均）	河长系统计算导出
	推诿扯皮问题数量	河长系统计算导出，人工分析筛选
	问题反弹数量	河长系统计算导出，人工分析筛选
	问题反弹周期（问题平均）	河长系统计算导出，人工分析筛选
	污染源消减率	河长系统计算导出
下级河长管理	督导检查次数	人工统计填报
	督导检查覆盖率	人工统计填报，由河长系统计算导出
	下级河长履职评价指数	河长系统计算导出
	河长会议频次	部分为人工统计上报，部分为河长系统签到统计
河湖水质	水质变化指数	河长系统计算导出
激励问责	工作奖惩指数	人工统计填报
社会监督	公众监督指数	河长系统计算导出
	人大—政协监督指数	河长系统计算导出
	媒体报道指数	人工统计填报
学习培训	学习指数	人工统计填报

基于上述24个指标的数据需求，开展数据生产环节，包括数据采集、清洗转换、数据预处理、数据存储各个阶段的工作。大部分的指标数据可由广州河长管理信息系统自动跟踪、汇集、计算产出，并进行统一的清洗处理工作；还有一部分数据通过人工填报的方式进行采集，如河长的参会次数、督导检查次数等数据，则由相关负责人按照固定的填报模板在河长管理信息系统中进行填报，在采集过程中会严格遵循相关数据标准与规范对数据字段进行规则约束，如河长的姓名、电话号码等。

此外，对于推诿扯皮问题数量、问题反弹数量等系统难以精准计算的指标，先由河长管理信息系统自动识别部分问题，再辅以人工验证、核查等手段手动筛选，以保障数据的质量。数据采集完毕后，将通过ETL工具进行清洗、转换，针对不完整、错误、重复等不符合要求的数据进行过滤、去重、格式转换、缺失值补充、校验等操作，生成满足数据标准及质量要求的数据并加载存储在本地基础库中。

为提升基础数据的数据质量，确保后续分析统计工作结果的准确率，需要对所采集的数据进行质检。在数据获取、存储、共享、维护、应用、消亡各生命周期的每个阶段里都可能存在数据质量问题，通过对数据进行质量检测可以识别、度量、预警一系列的数据问题，进而通过数据问题反映出一系列管理活动，并通过相关技术与管理措施进一步提高数据质量。

在此过程中需要先确定各个数据字段的数据质量评价指标。广州市参考了国家标准《信息技术—数据质量评价指标》（GB / T 36344—2018）以及相关行业数据标准规范《河（湖）长制管理信息系统数据规范》（DB-4401）来制定数据质量评价指标，从数据的完整性、准确性、有效性、时效性、一致性、可访问性等维度进行质量检测，将评价转变为可量化的规则，并对全量数据进行质量检测。通过数据质检，整合数据生命周期的全部流程节点的数据质量情况，识别数据出现问题的链路和数据源，并结合宏观以及微观视角判定数据质量情况。通过数据质检输出的数据质量分析报告，对反馈的问题进行跟踪挖掘、追根溯源，反作用于数据治理各个流程的整改与完善。

2. 数据分析：赋权计算指标考核结果

结合河长制实际工作要求和对河长履职效果的期望，广州市在地方标准规范《河长履职评价指标体系及计算方法》中对24个二级指标的计算方法分别作出了详细明确的规定，各指标间既有联系，又有差别，力求多维度、全方位地反映河长履职工作情况。

以一级指标"河长巡河"为例，其实际由巡河率、巡河频率、河段覆盖率、巡河轨迹覆盖责任河段覆盖率、异常巡河率5个指标构成。其中，巡河率是统计时间内河长各巡河周期对应巡河率的平均值，反映了河长按照相关文件要求开展巡河工作的情况；巡河频率是河长在统计时间内巡查每条责任河段的平均次数；河段覆盖率是统计时间内河长巡查责任河段数量占其所辖全部河段的比值；巡河轨迹覆盖责任河段覆盖率是统计时间内河长巡河路径覆盖在所辖全部责任河段水域位点的数量，是河长巡河范围合理程度的体现；异常巡河率用以反映河长巡河的真实性，通过识别河长巡河速度过快、深夜巡河频次过密等情况，计算出统计时间内异常巡河次数占河长实际巡查总次数的比值。其他二级指标的计算方法也是根据工作需要进行设置的，最终，各指标通过标准化赋值后得出0~100的分数，作为该指标的具体得分。

为将各级河长考核与水质效果直接挂钩，实现以水质为导向的差异化考核模式，赋予不同级别河长、不同类型河段的评价指标差异化的权重尤为关键。为此，广州市对各个细项维度的权重进行了有区别的逐级设置，最终形成了针对不同级别河长［区/镇（街）/村（居）级］与不同类型河段（黑臭/一般河段）组合的6张履职评价权重表，为河长履职的考核评价和全过程监管提供了有力支撑。

指标模型主要是基于业务逻辑分析河长履职的特性和关联度，以设计权重参数，在实际的河长履职评价中，广州市运用了层次分析法、德尔菲法确定权重及评价计算方法。权重确定的处理流程如下。

首先，建立层次结构模型，根据河长级别及河段类型，共设置了6个层次结构模型,分别是重点河段责任区级河长履职评价层次结构模型、一般河段责任区级河长履职评价层次结构模型、重点河段责任镇街级河长履职评价层次结构模型、一般河段责任镇街级河长履职评价层次结构模型、重点河段责任村居级河长履职评价层次结构模型、一般河段责任村居级河长履职评价层次结构模型。针对这6个模型,在征询市河长办、区河长办、省河长制研究院、市委党校等相关专家的意见后,构造各一级指标、二级指标的成对比较矩阵,使用数量化的相对权重描述某一元素对上一层因素的重要性。

其次,计算单排序权向量并做一致性检验。对每个成对比较矩阵计算最大特征值及其对应的特征向量,利用一致性指标、随机一致性指标和一致性比率做一致性检验,根据检验通过与否的结果确定权重或重新构造成对比较矩阵。此外,该指标评价体系并非一成不变,广州市河长办会不断根据各阶段的工作重心及考察重点优化权重参数,以更新完善指标评价体系及计算方法。

在计算某一河长履职评价得分时,首先要明确其河长级别及所辖河段的类型,选择相对应的评价权重表;其次要分别计算其二级指标得分,再根据二级指标得分及权重,计算一级指标得分;最后根据一级指标得分及权重,计算该河长的最终履职评价得分。以广州市某一般河段责任村居级河长为例,其河长级别为村居级,所辖河段为一般河段,对应的履职评价权重如表5-4所示。

表5-4 一般河段村居级河长履职评价权重

一级指标层		二级指标层	
一级指标	权重(D_i)	二级指标	权重(C_i)
河长巡河	0.17	巡河率	0.19
		巡河频率	0.18
		河段覆盖率	0.21
		巡河轨迹覆盖责任河段覆盖率	0.24
		异常巡河率	0.18

续表

一级指标层		二级指标层	
一级指标	权重（D_i）	二级指标	权重（C_i）
问题上报	0.23	问题上报率	0.31
		重大问题上报率	0.69
激励问责	0.22	工作奖惩指数	1.00
社会监督	0.27	公众监督指数	0.34
		人大、政协监督指数	0.27
		媒体报道指数	0.39
学习培训	0.11	学习指数	1.00

假设该河长管辖1条一般河段，在一周内应巡河5次，实际巡河5次，当周同级河长巡河频率80%，所巡河段均为其责任河段，巡河轨迹覆盖其责任河段，无异常巡河。巡河过程中发现3个问题并全部上报，未发现重大问题。一周内未被批评表扬，受到群众投诉1次，未收到人大所示监督举报，未被媒体报道，参加3次学习培训。则该河长各指标层的具体得分如表5-5所示。

表5-5 假设广州市某一般河段责任村居级河长得分

一级指标层			二级指标层		
一级指标	得分	权重（D_i）	二级指标	得分	权重（C_i）
河长巡河	100	0.17	巡河率	100	0.19
			巡河频率	100	0.18
			河段覆盖率	100	0.21
			巡河轨迹覆盖责任河段覆盖率	100	0.24
			异常巡河率	100	0.18
问题上报	100	0.23	问题上报率	100	0.31
			重大问题上报率	100	0.69
激励问责	60	0.22	奖惩指数	60	1.00

续表

一级指标层			二级指标层		
一级指标	得分	权重（D_i）	二级指标	得分	权重（C_i）
社会监督	81	0.27	公众监督指数	90	0.34
			人大、政协监督指数	100	0.27
			媒体报道指数	60	0.39
学习培训	100	0.11	学习指数	100	1.00
总分					86.07

经过3年试行，以不同指标评价结果为依据，该套河长履职评价指标体系及计算方法被广泛使用，对各级河长按照要求开展工作的情况、取得的工作成效进行监督管理，极大提升了河长履职能力；同时，该套指标体系作为对河长履职进行评价的基础量化工具，为后续监管工作的开展提供了重要依据。

3. 数据驱动：监管应用落地服务场景

在对河长履职进行监管的场景下，需要利用技术手段生产、分析海量数据达到态势感知的效果，即对河湖治理过程进行监测、识别和预警，并针对出现的各级各类问题提供解决方案，推动实际问题的解决。因此，广州河长办进一步建设数字协同化平台，致力于最大限度地分析、整合和共享数据和资源，使技术赋能治理。

以水利信息化为驱动，广州市河湖主管部门创新性地搭建起了一套管理合作、服务合作的体系架构，在全省范围内率先开启"掌上治水"，搭建"桌面PC端、手机App、微信公众号、电话投诉、专题网站"五位一体的监管平台，建设成为管理范围全覆盖、工程过程全覆盖、业务信息全覆盖的广州河长管理信息系统。

该系统于2017年9月上线，其推广使用为后续探索实践奠定了坚实的基础，广州河长办借助其信息化手段监督河长履职行为，压实河长履职责任，不断提升履职水平，使河长履职行为不断规范化。为落地实际的监管场景达成治理目标，河长办进一步推出了河长周报、河长管理简报、红黑榜等业务产品，以数字化平台为核心挖掘数据价值，全面、实时反映河长履职动态，服务河湖监管全过程，替后续的管理模式创新奠定了良好的技术基础。

（1）河长周报

在河长制推行过程中，广州逐渐形成了一定的河长日常履职规范和要求，如河长需要定期开展巡河、"四个查清"等，并通过河长管辖河湖水质、河湖的污染源数量、问题发现及处理情况对河长进行日常的考核评价，同时根据日常考核评价的情况，及时对河长履职不到位、履职薄弱环节进行预警，帮助各级河长及时掌握自身及下级河长履职状态、分析履职成效，从根源抓住履职存在的问题，并提醒河长根据实际情况及时调整履职工作计划。

（2）河长管理简报

2019年开始，为进一步压实河长履职工作，广州市基于河长App系统中河长周报反馈的数据信息，以河长管理、服务河长、曝光台为主体内容，每月定期分析河长App中的河长巡河、问题上报、巡河轨迹、水质情况等基础数据，编写反映基层河长履职情况的"河长管理简报"，通过数据汇总、分析、整理，每月定期通报履职差的河长及区级单位，曝光履职差的反面典型河长。

（3）红黑榜

在广州河长管理信息系统里设立红黑榜，通报河长履职优秀或较差的情况。通过电话随机抽查和河长周报中履职数据的连续性变化分析，监控河长履职变化趋势，对河长的巡河轨迹、责任河涌水质、下级河长履职情况等多方面分析评估，对履职优秀、分级管理到位和积极推进治水工作的河长利用红榜进行示范表彰，为广大河长树立优秀榜样，带动全体河长更好履职；对河长履职不到位、应付式巡河、打卡式巡河、上报问题避重就轻、分级管理不力、问题推进不力等情况利用黑榜进行公开督促和提醒，同时为全体河长作出履职警示。

（三）管理服务：回归人本位，管服一体提升治理温度

传统的监管模式下，河长办与河长处于管理者和被管理者的不平等地位，难以形成自上而下齐心协力的治水链条。广州河长办的同志在倾听民声、汇聚多方智慧后醍醐灌顶："我们搞河长制也不是为了问责谁，本质还是为了我们河湖的水环境好转。管理无感，服务有感，最重要的是让河长既想巡又会巡，搭建起意愿和能力间的桥梁，这是我们需要做的。"相比过去，河长办新的治理理念正从监督管理向服务协同转型，即回归"人"本位，更重视基层工作者的能动性，期望通过管服一体建设重塑与河长的关系。

1. 预警提醒：搭建层层收紧监管"金字塔"

过往的监管体系下"一刀切"问责屡见不鲜，由刚性指标支配的高压监管易增长河长的抵触情绪，影响治水意愿与最终效果，而依托河湖监管系统，河长办能够获取更全面、可追踪的河长治水记录。

为了以更人性化、有温度的方式督促河长治水，广州市紧密围绕《关于进一步强化河长湖长履职尽责的指导意见》的要求，贯彻"警示提醒在前、严肃问责在后"的原则，基于数据进一步创新服务管理模式，通过多形式培训—河长履职评价—河长周报—红黑榜—河长简报曝光台—通报追责链路，建立层层收紧、管服并重、可问责的监管体系（见图5-10），实行服务在先、提醒在前、问责在后。

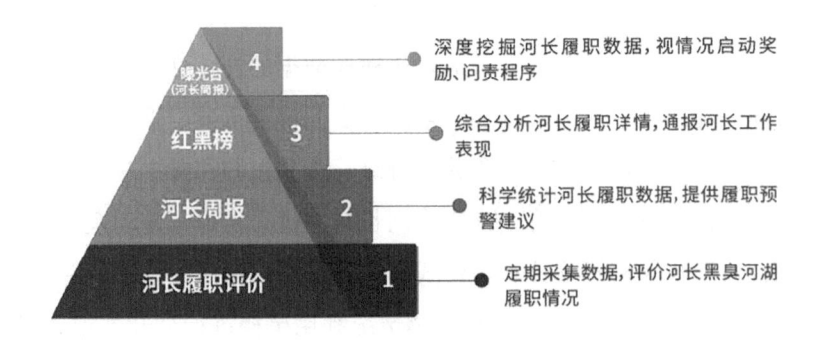

图5-10 层层收紧的监管"金字塔"

- 4 曝光台（河长周报）：深度挖掘河长履职数据，视情况启动奖励、问责程序
- 3 红黑榜：综合分析河长履职详情，通报河长工作表现
- 2 河长周报：科学统计河长履职数据，提供履职预警建议
- 1 河长履职评价：定期采集数据，评价河长黑臭河湖履职情况

在河长履职前，通过线上线下培训，学习河长履职工作指引、河长漫画等多种形式，力促提升河长履职水平及成效；在河长履职期间，通过实时河长履职评价、推送河长周报，通过数据挖掘与数据分析，帮助各级河长及时掌握自身及下级河长履职状态与履职成效，找出存在的问题，提醒及时调整工作计划；在河长履职一定周期后，通过红黑榜、河长简报曝光台，表彰履职优秀的河长，督促提醒履职不力的河长，曝光典型问题，严重的移交河长办问责组追责，以此层层收紧河长警示和问责力度，传导工作压力，倒逼履职不到位的河长提升自身履职水平和意识。

为了更好地达到有梯度、层层收紧的监管效果，对河长行为进行改进和激励，河长办基于河长履职评价量化指标，着手拟定"金字塔"体系（预警提醒、红黑榜、通报问责三个层级）各层级准入条件。各层级的具体准入条件如表5-6所示，其中，内部数据主要从（趋势、排名、变化幅度）三个方面划定等级，外业巡查主要从发现重大问题方面设置。划分梯度的监管提醒弱化了机械刚性考核带来的弊端，鼓励河长稳步端正治理态度，提升治理能力，这样一方面能推动河长好好履职消除河湖水环境的风险；另一方面也能帮助河长降低问责的风险。

表5-6　各层级准入条件

"金字塔"体系级别	内部数据			外部条件	
^	地标（选取单项或多项指标组合）			外业巡查	水质
^	趋势	排名	升降幅度	发现重大问题	^
预警提醒	较上月下降	同区同级别排名后10%	分数环比上月下降10%	5个重大问题	较上月降一级
红黑榜	连续2个月下降	同区同级别排名后5%	分数环比上月下降30%	10个重大问题	较上月降二级
通报问责	连续3个月下降	同区同级别排名后1%	分数环比上月下降50%	15个重大问题	较上月降三级

2. 优化调整：打出"组合拳"助力河长履职

河长办建立的数字化管理平台在发挥数据集成、统一管理的同时，可以为基层业务人员提供一系列服务，达到资源、能力下沉的效果。除了河长履职前学习的一系列河长培训课程，河长办会针对进入预警提醒层级的河长进一步提供专项服务：利用系统智能化数据分析河长履职评价得分，科学评价河长履职现状，分析河长履职过程存在的技术问题与实际困难，有计划地开展针对性培训，形成"培训引导在前，惩罚追责在后"的河长管理与联动培训模式，帮助河长及时补短板，更好满足工作实际需求。

一位区级河长对当前培训服务表示："相较于以前'一刀切'的管理，现在河长办会定期通过'共筑清水梦'小程序的线上培训还有线下的针对性培训跟我们及时传达一些最新的管理要求，让我们掌握最新的问题。在培训的过程中，还会进行案例分析，让我们更好地把握各类河湖问题的处理，少了很多形式化工作，对履职的帮助更加落到实处。"

而对于已进入预警提醒层级，但次月履职仍未提升甚至进一步恶化的河长，通过人工判定对河长履职情况进行复核，确实情况属实后将河长履职数据运用于河长 App 红黑榜、"广州水务简报"中进行通报批评，鼓励先进，鞭策后进，实现河长监管层层收紧。

依托数字化平台，对基层河长的不同履职情况采取有梯度的监管方式，这一层层收紧的"金字塔"强监管体系体现了"管理与服务并重"思路，成为河长制监督考核有效技术抓手，不仅为认定河长履职不力提供了具体翔实的有效证据，还推动了履职追踪过程中服务资源的递送。在该体系推行期间，河长办在"掌上治水"平台上进行监管案例的搜集，从真实的案例中感受到了全新监管体系的成效。

海珠区镇街级陈永斌（化名）2021 年 12 月的河长履职评价总分为 51.56 分，同区同级别河长中排名后 10%，其中问题上报 0 分，问题处理 75 分，市河长办通过河长 App 对其推送履职情况进行预警提醒。同时，针对其履职薄弱点，市河长办在 2022 年 1 月 17 日对其开展针对性培训。

在预警提醒+培训"组合拳"助力下，陈永斌履职水平得到了提升，2022 年 1 月的河长履职评价总分为 56.57 分，环比提升 10%，薄弱项问题上报得分提升至 100 分；2022 年 2 月的河长履职评价总分为 65.82 分，环比提升16.4%，达到连续2个月提升，薄弱项问题处理得分也提升至100分。

为表彰陈永斌，广州河长办的同志决定亲自前往其所在流域。抵达目的地后，和清澈的河流一同映入眼帘的是陈永斌勤恳巡河的背影，双方碰面后互相表示了感谢与肯定，并向陈永斌问道："陈河长，我想你算是我们这个体系下的模范和受益者之一，你觉得新的监管体系是如何帮助你有效履职的呢？"

陈永斌回答道："我有幸能位列榜首，主要是我巡河有两点做得好，一个是我想巡，另一个是我会巡。监管本身是一件让河长压力大的事，有些河长就更没有主动性被推着走，还有一些有积极性可是能力欠缺。现在的系统既透明又人性化，监管不是为了问责而是为了帮我们想办法治水，我们明白自己和河长办是站在一条战线拧成一根绳子的，这是最大的动力。"

正如陈永斌所言，广州河长办搭建的新监管体系重新定义了传统监管，重塑了河长与河长办间的关系。以服务为导向的监管平台建设更关注利用数据、技术提高基层河长的治水意愿与治水能力，提醒和培训等柔性服务措施有效强化了被管理者对实现自身业务的信念和信心，河长办与河长之间形成了双向的协同治水链条，促进业务目标、技术措施顺利落地具体的业务场景。

（四）效能释放：韧性治理强监管，责任落地结硕果

广州市河长办几年来矢志治水的付出得到了应有的回报，水务人水清岸绿景美的理想翻开了壮丽的新篇——管服一体、层层收紧的"金字塔"强监管体系进一步释放了数据效能，促进过程监管与结果评估将河长责任落到实处，在智慧治水与数据赋能强监管的道路上越走越好。在广州河长办阶段性的工作总结会上，邀请了优秀基层河长的代表与河湖主管部门的优秀干部出席，并作出了对上一阶段成果的回顾性总结与展望。广州河长办探索建立的监管体系为解决过去"河长履职不力，河湖监管乏力"的难题提供了重要的抓手。

1. 技术升级赋能河湖监管

"强监管体系是河长办全体成员的心血，我们把数据赋能监管落到实处，迈上了科学、有效的河湖治理的新台阶。"从河长办的角度出发，基于数据治理的强监管体制为监督、整改、管理提供了强有力的抓手，一方面，推动实现业务数据的精准提炼和有效分析，精准识别河湖治理中的痛点难点问题，为科学决策提供坚实支撑；另一方面，通过业务执行的数据化、可视化强化监督管理，动态追踪河长的治理全过程，有助于采取更科学可持续的激励过程，进而全面释放治理数据的能效。促使河长制"带电长牙"，既提升了管理效率，又加大了监督力度。

基于以生产—分析—驱动—能效为数据赋能路径的强监管体系，河长巡河率已稳定在97%以上，上报问题办结率维持在99%以上，197条黑臭河涌水质从最高55条黑臭转变成均为不黑不臭，且水质保持不反弹。

通过科学组建"河湖—河长—问题—水质"关联网，广州市实现了管人、管事、管河、管水"多管齐下"。依靠大数据的力量，广州市河长办得以实时掌控考核断面、河湖水质，追踪岸线管控和污染溯源，及时发现问题，传导压力，并将相关数据作为各级河长履职评价的重要依据，让数据说话，真实反映河长履职情况，筛选出优秀河长与履职不积极的河长，鼓励先进、鞭策后进，激发河长工作的积极性、主动性，最终实现管水、管河及管人的目标。同时，在管事模块上，建立高效闭环、公开透明的事务处置版块，部门线上履职，河长办高位协调，强势督导，实现问题全生命周期管理。

曾对评估体系提出过建设性意见的河长办数据工程师笑着坦言："问题的发掘和方案的探索都要经历一条曲折的道路，幸好我们河长办全体成员都能倾听基层的声音并保持一百分的干劲，成功地在强监管这条道路上探索出了光明的未来。"

2. 服务升温助力河长履职

从河长的角度出发，新的强监管体系推动了治理理念从监督管理向服务协同转型，回归"人"本位的数据赋能强监管体制将绩效考核目标与治理目标、监管与服务支持以刚柔并济的方式结合，构建规范科学的数据资源生态，使数据不仅是刚性考核的依据，更成为河长履职的有效抓手。

具体而言，通过积极的提醒机制展现了河长制的人文关怀，有效提升了河长的协同目标认知与履职意愿；此外，基于对河长履职情况的打分评价，广州市通过层层收紧的监管"金字塔"督促河长改进，并以此数据"问诊治水"，推出培训等配套服务确保治理成效。一位基层河长评价道："我能感受到以人为本的服务理念，现在监管体系推出的工具包和配套培训，让我们能更好地明确履职的工作重点，不会像以前一样有很大的问责压力，反而更好地提高了巡河处理问题及履职工作的效率。"

数据显示，从2017年9月到2019年12月，河长巡河不达标且0问题上报数呈现阶梯式递减，2020年5月当日减少至0人。上级河长管辖下级河长中，其不达标人数占比均大幅降低，其中，花都区降至0.87%，人数减少至1人。

在"12345河长管理体系"中，广州市提出了形式履职、内容履职和成效履职三种不同层次、逐级递进的履职进程，而强监管体制顺应了这一要求，有效推动了河长履职层次的提高。形式履职是通过信息化手段实现河长制工作内容全覆盖，目标是以"全覆盖"带来强监管；内容履职则是在形式履职的基础上以强监管带来过程上的"真履职"；成效履职则从衡量履职过程到衡量履职结果，以"真履职"带动"高效能"。从形式履职到成效履职的迈进不仅是任务更迭、治水工作循序渐进的过程，还是深化河长履职能效的螺旋式上升发展过程。

三种履职均坚持以基层河长履职需求为导向，极大提升了基层河长的履职水平与履职获得感。"金字塔"层级准入体系的第一批深度体验者陈启辉（化名）在会议上赞许道："大家现在能在App上看到我排在前列，但是我必须说，如果没有河长办当初对我的预警和培训，就不会有今天的我，我们的河湖治理体系是有温度、有效果的。"

数据时代高质量的治理最终要实现数据、业务、服务三者间的关联、转化和良性循环。强监管体制的"强"在于通过技术赋能态势感知、服务助力协同治水最终有效实现了韧性治理。在河湖治理过程中，以态势感知为核心搭建起的数字化协同技术应用能够帮助河长办快速捕捉河长履职动态，识别治理问题，有效提升治理的适应性；而以服务为导向的履职评价体系实现了"管理无感，服务有感"，增强了履职意愿与能力，推动达成协同目标共识。

强监管体系中应用的技术和提供的服务形成治理合力，最终推动韧性治理的实现。未来，河长办会更关注"协同三角"的融合、互动，强化河长办与河长间的协同关系，形成监管、服务与治理间的良性循环。

三、数据赋能优服务——河长的名师辅导班

（一）实践需求：工作提升困难重重，基层上级忧心忡忡

1. 不愿干：专业隔阂较大，治水经验不足

当河长制履职、考核等工作步入常态化后，河长如何跨越专业隔阂、积累治水经验、提升管理水平成为河长制发展亟待突破的瓶颈。管理同德街道的李能（化名）河长，就曾经是"缺少治理经验、缺乏专业知识"的一员。在李能刚上任河长时，由于缺少相关的业务技能培训和专业知识支撑，加上自己之前从未接触过水环境治理保护工作，在日常巡河时只顾巡河时长和里程的达成，仅仅关注河涌表面上的巡查，不注重污染源头的溯源，没有真正深入了解水体污染源的各种成因，只局限于"纸上谈兵"的治水工作。这种巡河既费时费力，又没有效果，不仅导致散乱污场所的违法排水问题巡查不到位，同德街道的水系管理工作也难以有效开展。

对于河长承担的工作，李能说："巡河不是走走就可以的，得确认是什么问题，还要因地制宜想怎么解决，但是说实话，我们都不是这方面的

专业人士，一开始对治水知识真的是不太了解，只能边做边学，慢慢积累经验。"加上他管辖的河段较多，巡河任务重，日常的巡河又不能带来明显的水质改善，久而久之，李能也懈怠了，巡河工作逐渐成为一个形式上的工作，养成了"打卡式"履职习惯。广州市河长办从履职数据中察觉到了他的变化，对其进行了黑榜通报并约谈提醒。

在这次约谈中，李能将自己有心无力的困境一一向约谈人员说明，希望能够共同商量出好的解决方案，共筑清水梦。但广州市河长办的工作人员心里知道，由于河长到任即上岗的职务特性等客观条件的影响，像李能这样缺乏基层治水经验和河湖治理知识的基层河长并不在少数。

在新上任河长履职能力保障方面，当时广州市尚未形成完善的河长入岗培训机制，大多数河长都必须经历边履职边了解、边学边干的过程才能"成长"，而河长要统领治水工作，必须熟悉本地河湖治理特点和主要矛盾，需要具备一定的治水知识，才能具备相应的履职能力。

从河长的职务性质来说，河长通常由各级党政主要负责人担任，党政职务的变动直接关系着河长工作的交接，因此新河长不断上任，如果遇上村居两委换届年，新上任的河长则会更多。广州河长管理信息系统统计，2020—2022年，广州新上任河长占比超过50%。这些新任河长中，并非人人都具备水环境治理的经验，广州市河长办通过线上问卷调查就发现，仅有21.8%的河长有过河湖治理经验。

基层河长专业知识和治理经验的缺失，不仅不利于发挥"河长吹哨、部门报到"的协同工作机制，还易造成基层部门推诿扯皮、久拖不办的被动局面。因此，站在基层河长的角度，像李能这样的河长往往无能为力，最终导致"不愿干"的结果。这是广州市在开展河长培训时遇到的重要问题，阻碍了广州治水工作的有效推进。

2. 不会干：问题千差万别，履职浮于表面

除了缺乏工作经验和专业知识，水环境治理的复杂性与河长群体的特殊性，也是导致河长履职提升陷入困境的原因之一。如前文所述，作为岭南水乡，广州全市共有1368条主要河道，分为九大流域，河涌类型包括山区型、潮汐型及混合型3种。对于不同流域、不同类型的河涌，其存在的问题也各有不同，这对基层河长的工作增加了难度。

就水体污染的成因来说，涉及经济、社会、文化、政治、自然等各个方面；就污染物的来源来说，也可分为生活、工业、农业等类型。此外，河湖水质问题往往并不单一出现，当同时面临多个问题时，处理的优先次序均有可能影响最终的解决成效。长久以来形成的复杂水污染现状以及不同河湖中千差万别的个性化问题，都对河湖治理相关知识与经验提出了较高的要求。

因此，正确识别和处理水体问题便成为治水的关键，而这需要基层河长真正有效地落实巡河工作。然而，基层河长是各级党政领导，治水工作只是他们日常工作的一部分，在巡河之外，他们还面临"上面千根线"的客观情况，需要应对各个行业领域错综复杂的管理治理问题，这对河长有效开展治水工作提出了挑战。

沿沙尾涌位于广州市番禺区洛浦街道，是广州南部水网的一条典型河涌。沿沙尾涌周边人口密集，生活污水直排、老旧管网溢流、化粪池渗漏等问题多；受珠江潮汐影响，水流动力差，水污染物容易积聚而造成水质变差，存在较高的水质恶化风险。沿沙尾涌水质好坏直接影响了三支香水道、大石水道水质，最终影响下游墩头基断面水质。

梁波（化名）就是洛浦街道的一名村居级河长，他管理着辖内包括沿沙尾涌等18段河涌。广州市河长管理信息系统显示，2020年1月1日至2021年2月28日，梁波在沿沙尾涌1#涌共开展巡河59次，却仅仅上报了5宗生活垃圾相关问题，未上报重大问题。按照这一数据，沿沙尾涌等河涌水质优良，河长工作到位，但实际情况并非如此。

2021年2月，市级巡查队对该涌进行巡查，在与河长巡河轨迹高度重合的路线上，市级巡查共计查报23宗问题，其中污水直排问题达13宗。经进一步巡查发现，梁波管辖的沿沙尾涌其他河段也存在类似问题，多个河段存在水体发黑、有异味以及有较多污水直排的现象，现场检测的每百万份水氨氮值达10~70ppm，处于重度黑臭区间。

市级巡查的结果令人瞠目结舌，说明梁波履职浮于表面，未能有效发现并上报河涌污染问题。其实，对于同时担任村居负责人和基层河长的梁波来说，治理好辖区内的河涌，优化百姓生活环境也是他的工作目标和职业追求，但与此同时，他面临着千差万别的水体问题和层层下压的治理压力，在巡河中需要耗费大量的时间成本和精力成本，在上报问题时只能选择避重就轻，最终导致河涌治理问题频发。

如果说，缺乏专业知识和治理经验是导致河长"不愿干"的重要成因，那么，复杂的治理问题和加码的压力传导则从客观条件上导致基层河长"不会干"。

3. 不见效：培训效果不佳，能力提升有限

基层河长不愿干、不会干的问题持续困扰着广州市河长办，而"培训"成为解决上述问题的关键。对于新上任或者履职不到位的河长而言，参加培训无疑是学习相关知识、提高自身履职水平的有效途径；对于河长办而言，为河长提供培训，既是管理的需求，也是服务的需求。可是，起初的培训并不能够有效发挥作用，高质高效、有吸引力的培训机制的缺位，是导致河长履职提升陷入困境的深层原因。

李能和梁波先后多次参与了广州市河长办举行的河长培训，但在他们眼中，这些传统的培训可以说是"得不偿失"。由于缺乏专业知识和治理经验，李能参加的培训大多与河长制知识相关，然而，河长制的知识体系庞大，涉及治水思路、工程技术、河长履职、日常管理等多个方面，广州治水更是经历了黑臭治理攻坚、管网设施改造、维持长制久清等多个阶段。各个阶段对河长履职提出了不尽相同的要求，新任务、新目标的制定也对各级河长的治水思路和技能提出了更高的要求。

这对人到中年的李能来说，着实是一次不小的挑战。在参加培训后，李能非但没有感到茅塞顿开，反而感到身心俱疲："太多太杂的知识和理论，看似给我积累了很多可以应用的知识，但实际上，工作中能用上的其实并不多，而且我们的培训规模较大，讲的内容大多也就只是那些东西，对于我本人来说，受益并不多。"因此，因为缺乏专业知识而不愿干的李能，在多次培训后，变成了知识看似丰富却依然不愿干的李能。

对于出现"不会干"问题的梁波等河长，广州市河长办则安排了河长制各领域专家为他们讲解履职过程中涉及的政策法规、工程措施等，以期让河长从干不好到干得好。可在梁波看来，这种安排常常令他不胜其烦。"这类培训与我自己基层河长履职关联度不强，我参加培训的时候完全没有代入感，而且内容很枯燥。说实话，这不仅不利于提升我的履职水平，而且是一种负担。"事实也的确如梁波所言，在参加培训前，他已经分身乏术，连上报问题都只能避重就轻来减少工作压力，而参与培训还需要他额外抽出时间，因此在培训时他往往是应付式对待，培训取得的效果也极为有限。

可见，从河长培训的角度看，传统的培训与基层河长的实际履职关联性不强，培训内容单一枯燥；培训规模虽然大却没有针对性，对于基层河长的能力提升较为有限；培训出钱出力却不见效，优化培训体系迫在眉睫。在传统的培训体系运行一段时间后，广州市河长办也发现了其中存在的问题，可是，应该怎样优化培训体系呢？

（二）理念先导：从业务到服务，重视个性化培训

河长履职知识本就有限，培训无用的现状进一步加深了河长工作不愿干、不会干的隐患，也充分说明了高质高效的河长培训的重要性。河长们怨声载道，河长办的工作人员也苦不堪言，他们意识到，真正的落脚点不应该在培训，而应当在治理经验的积累与治理能力的提升。

然而，在机制建设层面还未出台统一的河长培训要求，广州市只能在缺乏可供借鉴经验的条件下进行探索与创新。立足"协同三角"模型，广州市关注人在治理中的经验积累和主观能动性，以"刚柔并济、管服并举"的理念为先导，以数据为抓手，为基层河长提供个性化培训服务。

1. 管服一体：防止河长不愿干

对于像李能这样疲于漫无目标的巡河工作、缺乏专业河湖治理知识而导致"不愿干"的基层河长，广州市基于"管理河长，服务河长"理念，探索开展特色的河长培训服务，创新性地提出了河长的能力意愿模型，建立"河长画像"，以评估河长的具体履职能力和履职意愿。

河长能力模型由基础、管理、知识、技能、意愿、习惯六个维度组成，跟踪河长履职的全过程，包括培训前的针对性河长培训的筛选分析、培训中的课程开发和培训实施以及培训后履职反馈的跟踪和持续改进，从能力和意愿的角度出发，关注每个河长的个体差异性，了解每个河长的具体情况，推动巡河治水工作的开展（见图5-11）。

第一次看到自己的工作以"画像"的形式呈现，李能十分震惊："好像自己被看穿了，数据比我自己更了解我自己。"而这也正是广州市河长办想要达到的效果："管理者只有了解被管理者，才能服务好被管理者，才能使治理更具韧性。"

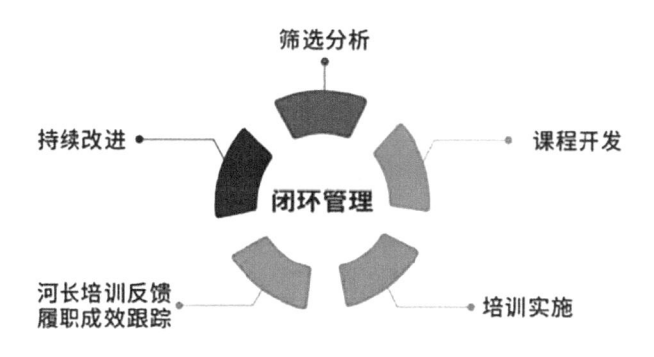

图5-11 河长培训体系的闭环管理

在了解河长的基本情况之后，广州市针对不同学员履职能力状况，想学员之所想，教学员之所需，从"服务服务者"的理念出发，利用多样化的培训形式拓宽基层河长学习渠道，改善学员学习体验。

通过对拟培训河长履职数据的分析，广州市厘清不同河长履职不到位的成因，结合有针对性的课件，组织河长座谈会等培训课堂，让河长们聚集在一起共同交流探讨。此外，广州市河长办还将课堂搬到了河道旁，组织河长到基层河道现场开展培训，通过共同巡河、边巡边讲、分享案例方案的方式，让河长们在学中干，在干中学。

在同德街道，李能和共同巡河的河长一起讨论交流，各抒己见，现场气氛轻松自由。回想起这次培训，李能感叹："这既是培训，又是交流，作为河长，大家都有共同话题，我也能够学习别人的治水经验。"而对于河长办来说，这种培训形式的建立，不仅有助于对河长进行整体的管理，针对性地填补基层河长履职薄弱环节，了解基层河长履职存在的困难和问题，为基层减负，也有助于河长履职意愿和履职能力的提升，引导河长从"形式履职"向"内容履职""成效履职"转变。

2. 提醒与调整：避免河长不会干

"有很多强制要求，开会、上大课，等等，当然我们也能够理解，但是这种培训并不是我们需要的，也不是我们想要的。"对于李能的诉苦，广州市也一直在思考：能不能有一种方式，既不需要强制性手段，也不需要硬性的规定，又能让河长办和河长收获"最大利益"和"自由选择权"，推动河长制走深走实呢？从这个实际问题出发，广州市选择以刚柔并济的方式，及时提醒各级河长参与相应的履职培训。

在柔性的服务开展上，一方面，广州市建立了河长培训档案，对已培训河长建立为期6个月的履职跟踪档案，通过数据跟踪、对比分析、定期与培训对象进行履职提醒和沟通反馈的方式，形成培训成效评估，并持续改进培训的方式和内容；另一方面，在"共筑清水梦"小程序上设置全民河长课堂（见图5-12）、直播培训、答题挑战、点亮河湖等功能模块，其中，全民河长课堂包括履职提升、直播回放、全民治水、系统工具、治水专题等多类课程，每一位河长都能够根据自身需要，选择学习的课程。

图5-12 "共筑清水梦"小程序全民河长课堂模块

当然，仅靠个性化定制的柔性手段，并不能完全保证各级河长尽快熟悉业务，成为治水的行家里手。因此，在刚性的制度要求上，广州市结合具体的履职情况，重新修订和统筹推进河长制培训方案，定期开展线上培训，加强河长制重点工作宣传。

此外，广州市还将河长培训体系的建设思路和工作要求下沉至各区，要求各区至少每半年对新上任河长进行1次培训，至少每半年对履职不到位河长进行1次培训，并鼓励各区河长办利用系列课程独立自主开展培训工作，提升河长履职能力和履职效率，逐步推动建成区级常态化河长培训局面。

通过刚柔兼济的手段，广州市有效实现了管理服务MADE路径中的提醒功能，确保河长培训不流于形式、不浮于表面，为推动河长制工作走深走实、持续改善水生态环境打下基础。

3. 达成共识：小切口推动大改变

参加河长培训不仅是河长本身的自我成长，也是培训体系的不断优化。个性化服务培训体系的建立，实际上也是基层河长与河长办所达成的共识，即基层河长的愿意巡河和能够巡河与治水工作的顺利推进和取得成效，需要"人智"和"数治"的有机统一。

对于李能的巡河履职来说，参加河长培训通过两种方式提高了他的履职能力和履职意愿：一是针对性的培训能够针对他履职的薄弱环节查漏补缺，让他更加高效有效地进行巡河工作，减轻工作负担；二是将传统的培训更新为针对性的培训之后，在培训课堂他能够感受到被服务和被信任的良好工作氛围，从而对自己的工作产生极高的认同感。

说到这，李能激动地表示："（参加河长培训）让我感觉工作是有希望的，我的目标和治水工作的目标，其实可以是一个目标。"这也是广州市河长办所喜闻乐见的。从管服一体的理念出发，以刚柔并济的手段，为的就是以河长个体履职薄弱点为导向，补齐履职短板，实现基层河长从被动履职向"会管""管好"的转变，更好发挥撬动"河长"这个"源头"的治理支点作用，发挥"河长领治"的正效应，让河长和河长办心在一条线，劲往一处使，齐心协力，共筑清水梦。

对于广州的治水工作来说，在达成"愿意巡河、能够巡河"的共识之前，并不需要大刀阔斧的改革，而是以小切口推动大改变。具体来说，就是在"服务服务者"的理念之上，在传统的河长培训体系上加入更多个性化的针对性课程，使不同人群可以根据不同的履职需求选择不同的培训课程，如河长培训体系所设置的八大用户系列就包括了区级河长、新上任河长、履职不到位河长、基层河长、优秀（进阶）河长、流域机构、基层河长办以及志愿者，具有规模小、节奏快、方式灵等优势，将人在治理中积累的宝贵经验和数据分析的珍贵价值有效结合（见图5-13、图5-14）。

图5-13 河长培训体系设置的八大用户

图5-14 河长培训课程体系的四大专题

但是，达成长治久清的治理目标，不仅需要管理服务MADE的理念先导，还需要技术治理MADE的优化赋能。那么，"服务服务者"的理念如何落地？个性化培训的持续推动又如何实现？广州市的河长培训体系正是依托数字化平台而建，为治理理念的落地提供载体，为治理模式的创新提供支撑。

（三）数据赋能：以数据促数治，打造数字化平台

1. 数据生产：获得履职真实情况

从服务的角度出发，河长培训根本上是为了提升河长履职能力，特别是对于梁波这样"干不好"的河长而言，参加针对性强、个性化高的培训尤为重要。在制定"量身定做"的培训方案之前，必须先充分了解各个河

长的基本情况。广州市重点围绕河长履职评价，利用数字化协同平台开展了基础数据采集、清洗转换、数据预处理、数据存储等系列工作，在数据生产环节把关河长履职情况。

梁波的"异常履职情况"，就是从数据生产环节发现的。"我们会直接对接河长管理信息系统，获取到河长履职数据、河长履职评价数据、河涌预警数据、水质数据具体清单，这些数据生产出来后，就成为我们评价河长履职、筛选培训对象的重要依据。"广州市河长办的工作人员如是介绍。

从"基层河长履职能力评价数据采集列表"（见表5-7）中可以看到，河长办生产出来的数据既包括河长本人的履职情况，还包括河长预警以及河涌预警数据，这些预警数据是河长培训的重要参考。同时，技术人员将采集到的下列数据通过ETL工具进行清洗、转换，针对不完整、错误、重复等不符合要求的数据进行过滤、去重、格式转换、缺失值补充、校验等操作，生成满足数据标准及质量要求的数据并加载存储在本地基础库中，最终形成满足基层河长履职能力评价需求的数据库。

表5-7 基层河长履职能力评价数据采集列表

履职数据	基本情况	姓名
		年龄
		性别
		职务
		入职时间
	问题统计	无问题上报次数
		简单问题上报次数
		重大问题上报次数
	巡河情况	巡河轨迹
		巡河时长
		巡河公里数
		巡河异常次数
	投诉统计	公众问题投诉

续表

履职评价数据	履职评价总分排名	
差异化巡河预警	通报预警	
	水质预警	
	问题预警	
河涌问题预警	预警河涌数据	预警河涌关联河长

那么，有了河长管理信息系统的数据，又该如何生产出筛选培训对象的数据呢？广州市河长办的筛选标准可分为三个部分：河涌预警数据、河长履职评价指标体系以及河涌水质数据。

以河湖大数据搭建预警模型和算法，广州市河长办建立了河涌问题风险的"天气预报"——河涌问题风险预警机制。河涌问题风险预警机制能够对有水质反弹风险的河涌进行提前预警，让河长重点关注并推进河湖问题的解决，每个月都会输出预警河涌名单，6级为最高级预警。利用这些数据，广州市河长办可以筛选3~6个月连续高预警河涌的相关河长作为针对性培训的对象。

河长履职评价指标体系则围绕河长履职建立了8个一级指标、24个二级指标，全面评价河长履职全过程，科学反映河长的履职情况。广州市河长办通过查询河长的履职评价分数，筛选指定时间、指定区域内排名靠后的河长，或一段时间内重要履职指标（如问题上报）分数较低的河长，开展履职提升针对性培训。

河涌水质数据是广州市河长办筛选培训对象的第三个依据。河涌水质数据有3个来源，包括生态环境局对主要断面相关的一级支流监测数据、排水监测站对197条重点河涌的监测数据和外业巡查单位巡查监测数据，其中水质反弹或外业巡查发现问题较多、存在返黑返臭风险的河涌需要及时关注。广州市河长办通过河长管理信息系统、内外业融合报告等了解河涌存在的问题及河长的履职情况，筛选相关河长开展培训。

梁波是最先被这三种筛选依据识别并参与针对性培训的河长之一，此类针对性培训的开展，有助于河长提升自身的履职意愿。回忆起最开始参加新培训的经历，梁波说："这种培训针对性很强，会根据我自身的情况进行，比之前的'一锅炖'要有效得多。而且，因为河长办利用我们履职的数据筛选了一批培训对象，所以我还可以和有预警的镇街河长办人员一起'纽带式'培训，共同学习、共同推进预警河涌的重大问题解决，为上下游、左右岸、跨区界河涌问题的协调解决搭建沟通机制。"

2. 数据分析：合理评级河长能力

完成参训对象的识别后，更需要对参训对象的能力进行分类，以便进行更有针对性的培训。这一工作由数据分析来完成。在这一阶段，技术人员充分依托基层河长履职能力评价数据，利用数据分析手段对其进行合理的聚类与分类，完成对河长履职能力的评级，并根据评级结果在河长管理信息系统中进行培训课程的精准推送，真正实现多元培训的落地实施。

聚类与分类分析方法广泛应用在数据挖掘、模式识别等领域。聚类是一种无监督的分类方法，将一个集合中的元素根据其自身特点进行划分；而分类是根据已有的训练集结果，将一个新的样本划归到所标注的特征中。采用聚类算法，技术人员围绕河长履职能力评价数据进行分析，将河长履职数据、考核数据、预警数据等进行阈值设定，数值化后作为聚类特征。

同时，由于河长相关的聚类特征为静态信息，采用对静态维度较为高效和便捷的 k-means 聚类算法。k-means 聚类算法是一种基于距离的迭代算法，对河长履职能力评价数据进行分析，通过欧氏距离或曼哈顿距离等计算方式确定与聚类的中心点距离，选择距离最小的中心点进行聚类。

根据聚类分析结果，可将河长履职评级分为三类：入门级（基层河长变动快，履职培训需求大，新上任的河长，由于没有履职经验，不了解河长体系的管理、履职和巡河实践，无法开展履职工作），进阶级（履职提升河长：在履职过程中责任意识薄弱，履职成效较差，巡河情况不理想，河涌预警次数多，领导通报、公众投诉问题较多等），拔高级（专题拔高提升河长：巡河情况较好，无预警情况，但问题上报数少，无重大问题上报等）。

技术人员依据上述聚类特征进行计算，将相似度最高的河长进行聚类，最终形成对河长履职能力的综合评价。针对入门级学员，广州市河长办往往采取线上培训、小程序自学、新上任系列课程教学等形式，全面提升入门级学员的履职能力。针对进阶级学员，广州市河长办则根据其工作中产生的问题，进行分类分级培训，采用小规模座谈培训、现场培训等手段，帮助其反思工作漏洞，思考自身能力不足。针对中高级河长（如区级河长），广州市河长办充分考虑到其政务工作繁忙的特征，采取送教上门形式为其提供培训支持。

梁波在培训中遇到了与自己经历高度相似的基层河长谢颖（化名）。谢颖是白云区新市涌的一名村级河长，在参与培训之前，他也面临"不会干"的难题。在针对性培训学习中，河长们有了各抒己见、相互交流的机会，这也是一个与传统培训体系的显著不同。

在交流活动中，梁波和谢颖说起自己履职中的困境，两人一见如故，交流讨论了预警河涌治理管理的细节及作为基层河长的各项协调事项，共同推进预警河涌水污染问题的解决。而在培训课堂上，主讲者针对河长们"不会干"的问题，讲解了"广州治水思路""基层河长履职能力提升""差异化巡河及河涌问题风险预警"，重点围绕河长的履职薄弱点及河涌面临的主要问题，强化河长的履职意识，提升河长风险识别能力和问题溯源处理能力，指导河长运用差异化巡河预警和河涌问题风险预警机制开展针对性巡河；区河长办也讲解了相关河涌的治理方案。

在谢颖眼中，针对性的培训真正落到了他的心坎上："这种培训会更加重视河长履职内容，讲的内容更透、更深、更专业。而且我能够经常回看，常学常新，这对于我自己的履职技能方面是有很大提升的，让我能够更准确地判断问题所在。"

3. 数据驱动：促进培训效能增强

基于上述河长履职数据挖掘分析方法，广州市得以根据不同河长履职情况，建立起一套以"一平台四体系"为核心的培训机制，驱动河长高效深入履职。

"一平台"是指通过"共筑清水梦"小程序线上平台，广州市河长办结合时下流行的新媒体形式，创新开展河长培训直播"带货"形式，"卖"技能、"带"服务，实践出河长制科普宣传的新形式，并通过观看人数、时长统计数据的实时反馈，不断更新直播内容、形式，力图为基层河长提供寓教于乐的全新体验。

与此同时，小程序平台适时推出专家云课堂系列课程，积极引入水环境治理相关专家进行专题讲解，涵盖全民治水、履职能力提升和水生态建设等主题，为基层河长一线履职提供了系统的知识基础和智慧支持。线上培训的方式大幅降低了河长的学习时间成本，深受河长欢迎。

"四体系"具体是指涵盖讲师、课程、学员和评估的连贯设计。讲师是河长培训的智慧源泉，也是影响河长学习成效的重中之重。广州市高度重视河长培训人才队伍建设，通过专职讲师、业务骨干和外聘讲师（专家）的结合，广州市积极推动培训下沉，为培训学员提供从入门到拔高全过程的学习资源支持。自多元培训开展以来，广州市河长办努力建设市、区两级讲师队伍，将培训下沉到各区、镇街，并明确其培训频次要求。

除了讲师队伍建设，课程体系打造也是广州市河长办的工作重点。当前，河长培训课程设计依照不同类型河长需要，安排有基础课程、系列课程和微课程三类，共计132份课程。基础课程包括河长履职能力提升、河湖治理政策解读以及部门治水思路等内容，是各级河长的必修课程；系列课程则根据不同治水专题不定期推出，特点为根据入门、进阶和拔高不同类别动态推荐河长学习。这在节约河长工作精力的同时，也能及时补缺补差，巩固已有工作成效，指引河长对下一步工作进行思考。

此外，河长往往履职繁忙，为了方便河长利用碎片时间学习，广州市推出"共筑清水梦"河长课堂，累计上架220个微课程。每个微视频都聚焦一个小问题展开，并在小程序上定期更新。基层河长能够根据兴趣和工作难点，随时观看回放，学习效率大幅提升。

（四）达成能效：技术治理能力提升，管理服务广受认可

针对基层河长"不愿干""不会干"，传统培训"不见效"的现实困境，广州市紧紧围绕协同三角模型，从理念变革出发，把数字治理的技术运用到河长培训中，为各级河长开展"定制化"的培训，及时纠正了履职误区，提升了履职技能，起到了立竿见影的效果。

1. 初具规模，提升治理适应性

相较于传统单一的培训模式，以多样化的培训模式激发河长参训积极性，是发挥培训成效的关键基础。正如梁波河长对传统培训体系的评价："一开始的培训对我来说效率还是有一定的突破空间，就我本人来说，最开始的培训并不吸引我，因为我觉得这种培训是比较枯燥的，对我自己的提升也较为有限。"若河长不愿参加培训，再精彩的培训课程和专家讲座也毫无用武之地，单一的培训形式和培训载体亟待转型。

在信息时代到来之前，河长培训多在线下举行，通过会议形式给河长"上课"，培训效果、受众对培训的接受与喜爱程度等难以考量，参加培训甚至成为基层河长众多工作之外的新负担，难免出现应付式参训，培训效果大打折扣。为了在减轻河长负担的同时达到宣教培训的目的，引导河长紧跟广州治水理念，广州市不断深化技术服务创新、培训内容创新，不断创新培训载体，依托 App、小程序等新媒体平台，推出学习培训、直播教学、治水宣传推广等服务，创新河长培训直播"带货"，"卖"技能，"带"服务，实现线上与线下培训的联动结合，更好地利用碎片时间为河长提供培训服务。

据统计，2019年7月至2023年12月，基于不同群体的培训需求，广州开展探索区级河长"送教上门"、镇街河长现场培训、问题河涌上下游左右岸"纽带式"培训等多形式、小规模化线下培训50场，培训人员1744人次。通过搭建线上培训平台，邀请治水骨干、行业专家进行线上直播授课，推出治水"专家云课堂"系列直播，共计开展线上直播50场，直播观看总人数达8.2万人次，观看总时长216.2万分钟；积极推动培训下沉各区，

以点带面推动河长培训全员覆盖，截至2023年12月，各区组织开展并发动镇街开展河长制各类培训1576场，培训人员3.9万人次，差异化、个性化的河长培训已初具规模。

2. 精准常态，提升治理高效性、有效性

相较于传统的笼统而普适的培训课程，打造常态化、差异化的培训课程体系是维持高效履职、实现长效机制的必由之路。对于每位河长而言，所管辖的河湖情况、遇到的水质问题、履职不到位的具体环节等都是不同的，笼统的、普适化的培训课程难以满足实际需求，且大规模、同质化的培训也容易造成资源的浪费。因此，必须对不同河长进行差异化的培训，基于河湖水质数据、河长履职数据挖掘关键问题，筛选出需要培训的合适对象，再将私人定制的培训课程送到对应对象的"家门口"，并于培训后持续跟踪河长履职数据，评估培训成效，以形成闭环管理，不断改进培训方式及内容。

与此同时，广州市河长办意识到，培训必须坚持常态化开展，唯有以培训的常态化带动履职的长效化，以履职能力的强化带动履职成效的深化，以服务的可持续支撑带动环境的可持续治理，才能推动河长制由攻坚式治水向长效治水过渡转型。

2021年8月5日，市河长办在番禺区举办了履职不到位河长专项培训，梁波成为该期培训班其中一名学员。该期培训结合参训河长履职短板和河段实际案例，设置了"履职提升系列——管理篇""履职提升系列——提升篇""河涌问题风险预警机制及解析"三个课程，帮助参训河长掌握河长履职重点及技能，提高对管辖河段问题的发现和溯源能力。

在培训形式设计上，除了讲师授课，培训还设置课前摸底测验、课中组队竞答、课后学员发言等环节，营造了热烈的学习氛围。市河长办向参训河长分享了"共筑清水梦"小程序河长线上微课堂，派发了《河长实务手册》等培训教材。梁波在发言环节表示："培训内容很充实，经过培训学习到了很多污染源溯源的方法和要求。在今后的巡河过程中一定要用好溯源技能，强化污染源查控，只有不断削减污染源，才能推动河涌水质向好发展。"

而利用河长系统对已培训河长履职情况进行前后评估的数据显示，在参加完培训之后，梁波的问题上报总量及重大问题上报数有明显提升：在2021年8月至2022年1月的巡河履职中，梁波共上报73个问题，其中重大问题为57个；较培训前6个月履职数据，问题上报总量上升121.2%，重大问题上报率上升147.83%。在其上报的57个重大问题中，有55个已办结，包括管网断裂、排污管没接入管网等33个排水设施类问题，涌边违规餐饮店、小作坊等16个"散乱"污染源问题，4个涉水违建等违章类问题等。2022年2月23日，市级巡查队对沿沙尾涌水质进行复查，河涌水体整体较清，现场检测氨氮值在2~5毫克/升，同比下降了80%~92.8%。

以"预警河涌纽带式培训"前后（2019年6—8月对比2019年10—12月）数据为例，对已培训河长进行了为期6个月的履职数据跟踪发现：巡河不达标河长大幅减少，已培训镇街河长办问题办结率大幅提升，已培训河长重大问题上报率整体提升（见图5-15）。

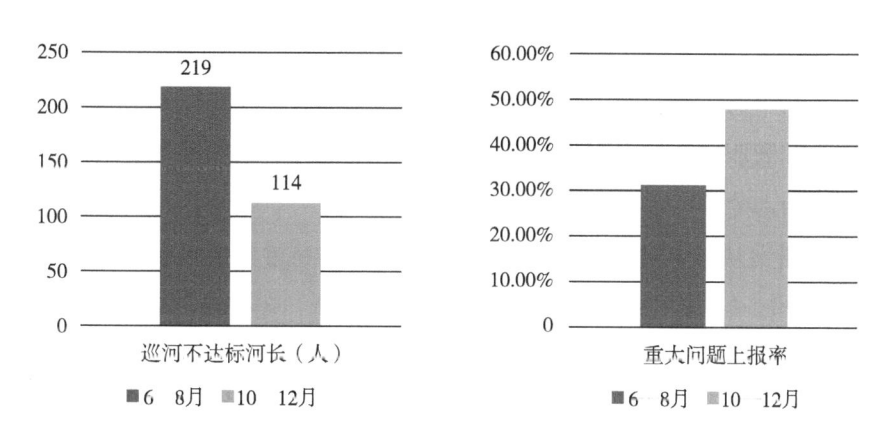

图5-15 培训前后（2019年6—8月对比2019年10—12月）履职数据分析

3. 持续贴心，提升治理稳定性

相较于传统培训体系中"为了完成培训而完成培训"的培训方式，贴心、稳定、持续的做法真正培训到了河长的心坎上。广州市创新提出"优服务",实行"管服并重,服务前置",结合应用场景,出版漫画、工作指引、实务手册系列刊物,以前卫风趣的形式总结广州治水硬招实招,提升河长履职水平和公众护水意识。

广州市打造了"一平台四体系"的常态化培训服务,线上线下双轨并行,引导河长从"形式履职"向"内容履职、成效履职"转变,并在全国首推河长培训小程序,创新线上直播,探索河长制宣教服务新形式,这些贴心做法,收到了广大基层河长的一致好评。

新市街道曹征(化名)河长评价说:"作为镇街级河长,针对性培训教会了我要抓好重点问题,要发挥河长领治作用,综合施策,全盘考虑河涌治理问题。针对性的培训,专业性、指向性明确,'对着问题说问题'的解决方案,是有效的培训方式。"

而对于同德街道郭浩(化名)河长而言,针对性培训让他知道"要重点关注预警河涌,要有目的地发现影响水质的重点问题,尤其是要通过排口溯源,针对散乱污场所的违法排水问题开展巡查,准确率很高"。

谢颖河长则说:"针对性培训更加重视河长履职内容,更透,更深,更专业。培训后自己履职技能方面有提升,能够更准确地判断问题所在。"对于广州市的河长而言,这些场景化、贴心化的培训方式,有助于他们履职能力和履职意愿的稳定逐步提高,从而增强治水工作的稳定性,最终赋能韧性治理的目标达成。

广州市从服务理念出发,积极探索"管服并重"的河长制管理新模式,把"源头治理"思路与河长履职实际相结合,通过数据赋能与综合施策,优化河长培训服务。通过引入两个 MADE 流程,广州市以河长管理信息系统采集到的河长履职数据、履职评价数据、河涌预警数据、水质预警数据等为基础,结合各阶段水环境治理业务需求,对河长进行合理的聚类与分类,并依据分类结果进行精准的培训课程推送,以此筛选培训对象、确定培训内容。

同时,广州市在全国首推"共筑清水梦"河长培训小程序,创新线上直播,推出《共筑清水梦》系列创意漫画集,积极探索河长制宣教服务新方式。通过种种探索与努力，广州市逐步建立起具备针对性、差异化、小规模和多样化等特征的河长培训机制，以培训的常态化带动履职的长效化，以履职能力的强化带动履职成效的深化，以服务的可持续支撑带动环境的可持续治理。

四、数据赋能广支撑——从数据中挖掘业务需求

（一）问题识别：治水实践难推行，协同合作遇阻碍

1. 数据繁乱规格不一，业务协同困难重重

由于河长制业务牵涉面广，涉及链条多，河长制业务长期面临着数据标准、格式不统一的问题，导致河长办在汇总全市治水情况时，面临着巨大挑战，河长信息系统投入应用后，这一问题才得以妥善解决。在政府部门中，这类问题并不罕见，河长办的成功案例提供了宝贵的经验借鉴。河长信息系统不仅能帮助河长巡河履职，同样也能为其他业务部门提供支持，具有"广支撑"的鲜明特点，海绵城市建设办公室（以下简称"海绵办"）就是受益于河长信息系统的典型代表。

陈主任是在广州市海绵办工作多年的老成员，他现在已经可以通过信息化系统便捷地处理工作，但他过去的工作可繁杂得多。在当时，检查记录均由现场人员通过微信上传给内业人员处理，处理完的检查资料以文件形式进一步上交至上级部门，因此陈主任每天都会收到大量的进度图纸与文稿。

同时，海绵城市业务涵盖了道路、绿地、建筑、排水等设施，建设过程中需要收集和处理信息量巨大，加上各个职能部门都有一套自己的信息化系统，工程信息口径不统一且存储分散，导致汇总与整理的工作量极大。因此，为了汇总并全面掌握海绵城市的建设情况，陈主任不得不花费大量时间调整数据格式。根据陈主任的回忆，当时每次做完汇总工作都感

到"精疲力竭"。

陈主任在海绵办所面临的困难反映了当时广州市水务管理体系存在优化空间，海绵办等协调议事机构也需要更高效的方式统筹工作，提高业务执行层面的协同效率。河长管理系统迫切需要适应新时期新任务的要求，跟上业务扩张的脚步，进行实时更新与扩容，实现广支撑和业务协同。

水环境治理面临的巨大困境，本质上是水环境治理工作任务繁重、更迭快等特点所导致的。自2018年9月至今，广州市全面推行河长制工作领导小组相继推出了1~10号《广州市总河长令》，对不同区域、不同阶段工作的中心任务作出了具体规定，并明确了阶段性目标，以逐步实现治水全覆盖（见表5-8）。与此同时，广州市相关治水部门还肩负着众多专项治水任务，如建设海绵城市、清"四乱"、突击检查等行动。然而，当时缺乏统一的数字化平台和相关协同机制以支撑起所有的任务，导致数据分散、业务割裂，难以实现有效协同共治。

表5-8 《广州市总河长令》1~10号令中心目标

《广州市总河长令》	中心目标
1号令	全面剿灭黑臭水体
2号令	梳理河湖治理责任体系，创新设置九大流域河长
3号令	设置网格员，推行网格化治水
4号令	开展"排水单元达标"攻坚行动
5号令	开展国考蕉门断面达标攻坚行动
6号令	开展国考大墩断面达标攻坚行动
7号令	开展省考石井河断面达标攻坚行动
8号令	涉水疑似违建整治，消除黑臭小微水体
9号令	实施合流渠箱"开闸"行动
10号令	开展消除劣Ⅴ类一级支流攻坚行动

以污染源整治为例，经调查，广州市存在26万个疑似"散乱污"场所，但因河涌两侧住宅密布，新增污染源较多，隐蔽性强，河涌黑臭存在

反弹。对于这些隐匿在民宅之中的"散乱污"场所（见图5-16），单纯依靠人工手段排查非常困难，效率低下的同时难以溯源追踪。面对如此庞大的治水任务，基层河长权力小、责任大的问题尤为突出，部分基层河长工作压力较大。对于基层河长、河长办而言，有限的职能范围和传统的信息采集模式难以应付繁重的治水任务，导致水环境污染问题陷入了"看得见，管不着"的尴尬境地。

图5-16 隐匿在民宅中的"散乱污"场所

对于海绵城市建设工作同样如此，汇总数据仅仅是陈主任工作的一小部分，后续分析和跟进等工作同样十分烦琐。陈主任还需要敦促尚未完成指标的区政府加快进度，向相关部门反馈指标完成不合理的地方，推动各区、各部门敦促不合格的项目整改和反馈，这一系列工作都需要以公文来往的方式逐一通知，此后各区上报问题和业务反馈同样需要通过报表、文件层层上报。这一工作模式不仅效率低下，而且难以实现数据的储存、采集、留痕和共享，数据规格不统一的问题也周而复始。更糟糕的是，数据规格不一、汇总效率低下还造成了业务执行过程与业务之间的信息差，导致监管难、调整难、协同难。

可见,对于水环境治理而言,有效的数字化应用与支撑机制是实现协同的重要前提。由缺乏协同平台与机制导致的数据分散、混乱问题,致使水环境治理工作推进困难重重,诸如工作繁重、效率低下、业务执行协同困难等一系列弊病接连出现,不但导致水环境治理工作效率低下、效果不佳,而且难以汇聚海量的水环境数据,并发挥其重要价值,助力水环境治理。

2. 业务落实不到位,部门间协作遇困难

由于水环境治理的复杂性,水环境治理的相关职责分散在水务、城管、住建、农业农村、环保、工信等诸多部门中(见图5-17)。涉水业务的不断扩张,意味着治理对象和治理内容的不断扩展,随之也对多部门协作的能力提出了更高的要求。然而,在传统的治水体系下,部门之间存在职责交叉和重叠,职能界限不清容易导致推诿扯皮和"九龙治水"的局面,"各扫门前雪"的现象非常普遍,既有"环保不下水,水利不上岸"的推诿思想拖后腿,又缺乏相应的业务支撑机制导致信息不对称、碎片化治理等问题频频涌现。

同时,由于权责界限的模糊,作为统筹协调部门的河长办不得不包揽大量的实质性工作,许多问题经过河长办流转后仍需要河长办亲自进行解决。"九龙治水"变为"一龙治水",大大降低了治水工作效率。此外,上级河长、河长办更是面临难以全面真实把握所有信息,烦琐的业务流转过程等诸多问题,导致部门协同难上加难,陷入"管得着,看不见"的尴尬境地。

陈主任在海绵办同样也遇到了部门间协同困难的问题。海绵城市的建设涉及达标建成区建设、水环境整治、水安全提升、水资源保障、水生态改善五个方面,离不开水务、规划、住建、园林、交通等多个部门的积极配合与协同。

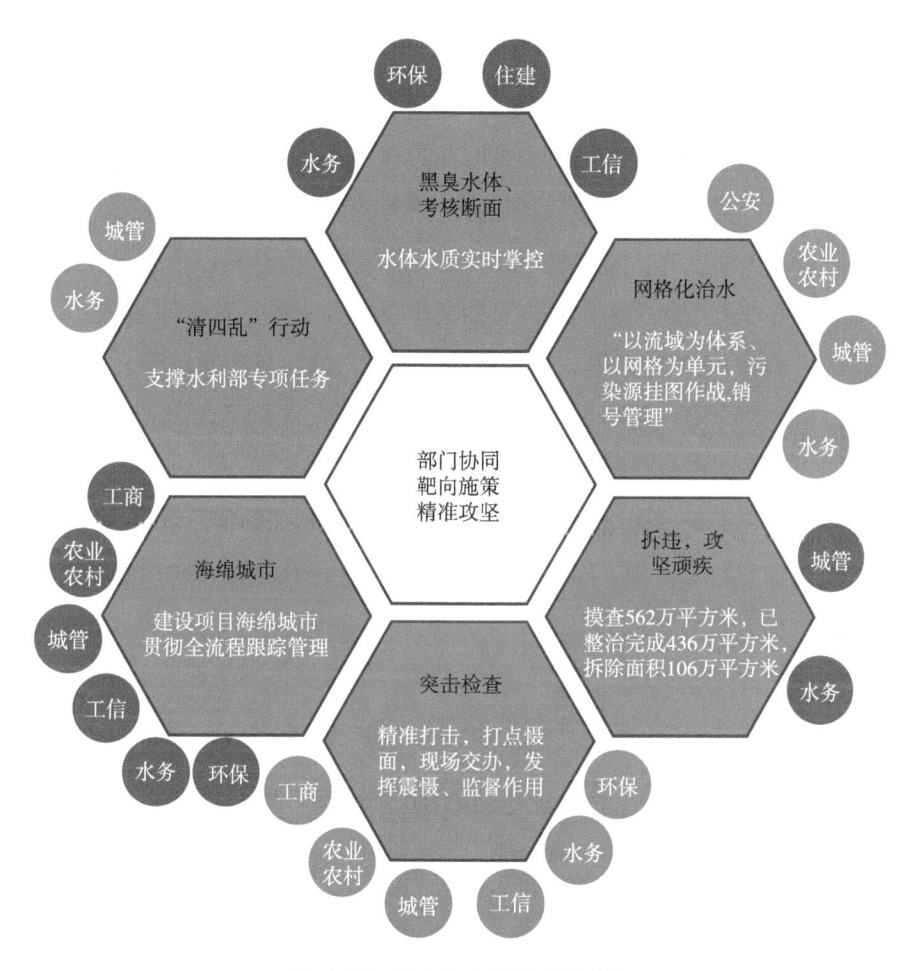

图5-17 涉水业务相关职能部门

广州市河长办、广州市海绵办、广州市住建局、广州市发展改革委等多个部门都发布了海绵城市建设的相关文件，如《广州市总河长1号令（2022）》《广东省住房和城乡建设厅、广东省发展改革委、广东省财政厅、广东省自然资源厅、广东省水利厅关于印发〈广东省系统化全域推进海绵城市建设工作方案（2022—2025年）〉的通知》，均提出了海绵城市的建设目标和要求，而这意味着不同部门在海绵城市建设项目上需要达成高度的协同配合，才能有效完成建设任务。然而，当前不管是建设成果验收的计算口径，还是烦琐的业务流转，不同业务部门之间都未能真正实现良好协同。受部门本位主义等思想的影响，不同部门间存在一座座"信息孤岛"，涉水数据难以实现共通、共用、共享。

因此，陈主任在业务调度和统筹的过程中，不仅要和各区海绵城市的业务人员进行对接，还需要和其他部门进行协调。然而，陈主任在与其他部门进行工作调度时常常有种"无力感"，对方部门有其自身的业务目标，且双方又并非上下级关系，对方可能更重视自身业务。对此陈主任十分头疼："在现有的任务交办模式中，调动职能部门的参与需要经历公文拟定、交换、接收回函等一系列过程才能完成，成本高、效率低，难以调动多部门协同，工作实在是难以开展。"

各区工作汇报的图纸规格不统一、海绵城市相关的信息量极大和跨部门协作艰难等问题，成了陈主任的"心头苦"，河长办也面临相似的处境。探索高效协同的业务支撑机制，解决传统信息采集模式无法满足治水需求、部门间业务流转过于繁杂、河长办难以掌握整体性情况等问题，实现水环境治理业务与部门合作的协同共治，已是迫在眉睫。

（二）技术—治理：技术实现数据支撑，助推治水业务协同

基于河长信息系统的基础框架和算力共享，有利于实现多项业务的低成本搭载，为城市治理提供广泛、坚实的技术支撑，是治水业务协同机制的重要构成部分。例如，海绵办在河长信息系统的框架中搭建海绵城市信息化平台，推动了海绵城市建设相关的服务业务化、业务数据化、数字资产化、资产服务化，有效提高业务协同程度，实现业务目标。

1. 优化数据采集，信息高效上报

为使治水工作从末端向源头转变，推进全市污水处理提质增效和黑臭水体治理工作，广州市河长制信息系统上线污染源上报、审核等功能，使基层巡查人员可以更为便捷地上传巡查网格内水体、供水、排水等涉水事项，有效解决水环境治理中碎片化、业务协同和部门协同困难的问题。

新系统使基层巡查人员能更加便捷、更积极地上报巡查过程中发现的

各类"散乱"污染源场所、涉水违法建设、垃圾黑点、非法畜禽养殖等问题，并快速实现河湖污染源的定位、属性填报、跟踪处理和销号。同时，搭载信息收集相关功能有效提高数据的有效性、准确性和便捷性，河长、基层巡查人员通过河长 App 上报的污染源信息将在 PC 端进行审核处理以及信息录入（见图5-18）。

图5-18　信息管理系统 PC 端录入界面

审核内容包括污染源位置、内容属性及图片合规性，审核通过的污染源将作为有效污染源纳入污染源作战台账，审核不通过的退回上报人进行修改上报或删除。市级河长办还可以对已销号的污染源进行抽查或现场检查，对整治销号结果不理想的，可进行退回操作，情节严重时可予以通报批评，进而提高所得数据的质量。

陈主任兴奋地表示："以前海绵城市的检查基本是靠一纸公文和粗糙的现场记录。但现在统一平台使得信息与数据的采集更加扁平化，有效地解决了数据的存储和共享问题，我也不用再为规格不统一的数据和台账整理而发愁了。"

这一数字化协同平台作为协同治理的重要载体，同样也支撑了海绵城市业务相关数据的收集、储存、共享与协同，通过海绵建设项目全生命周期管理，支撑检查全市工程项目海绵城市落实情况，建立全市工程项目台账，真正实现业务数据化，为业务协同、部门协同奠定了坚实的数据基础。

2. 精确数据分析，精准打击痛点

在规范收集数据的基础上，河长管理信息系统还为治水水务工作提供了相关的数据统计与分析功能，依托河长管理信息系统的成熟用户体系，为海绵城市各项业务奠定了基础，促进海绵城市管理机制快速落地，实现对海绵城市建设业务的广泛支撑，进一步提高了治水工作者的工作效率，助力治水相关部门的协同治理能力升级。

河长管理信息系统为河长办污控部门提供的联合检查功能，有利于对各区污染源问题线索进行统计，可以有效应对证照不齐、生产废水污染环境、生产污水排放设施建设管理不规范等多类问题。同时，该系统还提供了污染源问题检查数量、复查数量等与检查相关的数量统计功能，方便治水相关部门了解检查行动整体情况。

此外，河长管理信息系统也可以根据广州市河长办的要求设置多维度组合查询条件导出个性化台账，为后续联合检查任务的开展提供决策依据。而联合检查形成以污染源为单位的案件卷宗目录，可快速查询该宗污染源的检查结果、问题的处理流程、督办复查的情况等信息，对污染源实行严格的管控，实现对打击水环境违法排污行动全程的跟踪处理，提高了突击任务交办和督办的效率，大幅减少了相关职能部门履职不作为行为，提高了问题处理的效率，同时也为后续工作提供决策支持。

河长管理信息系统也极大减轻了陈主任数据分析方面的工作量，因为该系统为海绵办提供了海绵城市项目检查统计功能，对全市各区的已检查项目和未检查项目、项目检查次数、合格次数、合格率，以及问题交办次数、问题已办结未办结情况和问题超期情况进行了统计分析,陈主任只需要选择自己所需的信息类别就可获得统计数据。

不仅如此,河长管理信息系统还可以将多源数据汇聚成一张图,向治水工作者全面、直观地展示海绵城市建设进展与具体情况,实现关键数据一张图展示(见图5-19)。借助该功能,陈主任可以直观地查看年度任务完成进展,跟进排水分区达标状态,并实时掌握全市、各区、各流域任务建设情况。该系统还可按照全市、行政区/流域、排水单元进行空间拓扑分析,数据可以随着选择的区域联动,使陈主任能获得更为精准的数据图表。

基于统一数字化平台,通过治水数据的统一汇聚和分析应用,将业务数据转化为富有价值的治理决策指导和风险预警信号,为基层执行者提供服务,帮助其提高业务执行的效率和质量,实现业务服务化。数字化平台的功能集成有效服务于业务执行,提高数据汇总效率,统一数据口径,有利于破除业务部门不同层级间的信息壁垒,最大化发挥业务数据的治理价值,推动海绵城市建设业务协同与部门协同,支撑海绵城市建设与发展。

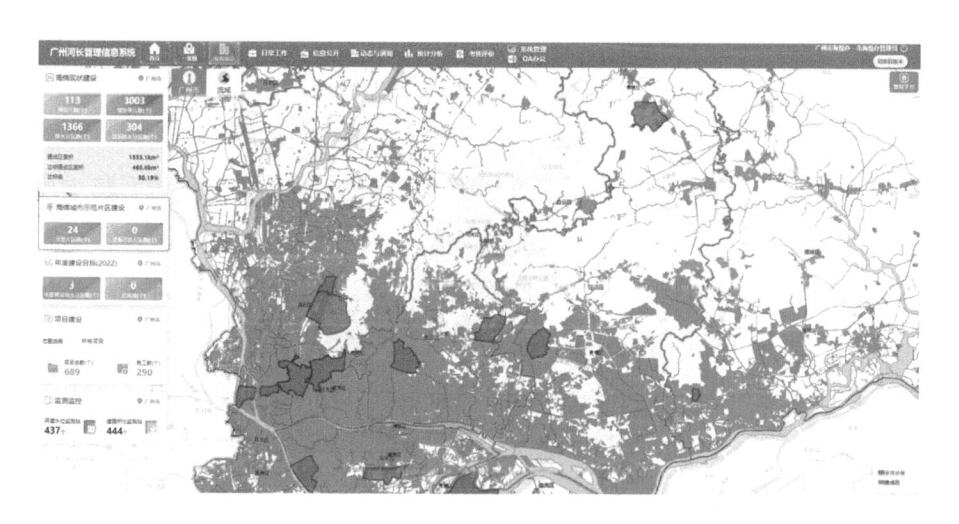

图5-19 关键数据一张图展示

3. 数据驱动协同，管理实现"能及"

河长管理信息系统通过集成治水业务，为海绵城市建设提供算力共享支持，支撑了海绵城市建设任务的推进，获得了显著成效。治水业务的集成有效汇聚治水信息，同时海量治水信息在明确的共享与使用权限设定下通过平台在部门间实现共享，并将海绵城市建设业务与河长制治水业务及相关数据相关联，推动治水数据内循环向外循环转变，推动治水数据价值外溢。在现有的信息化资源下，根据海绵城市业务体系要求，广州市依托河长管理信息系统，建立了包括"流域—排涝片区—管控分区/示范片区—项目建设"多层体系的平台框架（见图5-20）。

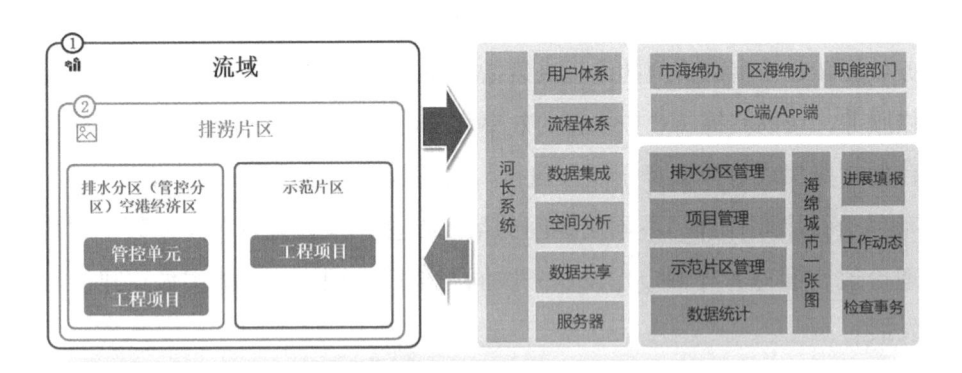

图5-20 海绵城市信息化平台框架

治水业务的集成实现了统一台账的建立，改变传统的不规范、不统一的治水信息上报模式，达到了全过程留痕和规范管理的目的，让问题"看得见"。为检查全市工程海绵城市落实情况，广州市河长办在河长管理信息系统中建设了项目台账，纳入市海绵办、13个区海绵办、194个海绵办职能部门的共209位相关人员，录入海绵工程信息，以强化工程监督，压实整改（见图5-21）。同样，在联合突击检查行动中，广州市河长办建立了问题台账目录索引，实现了检查整改全过程留痕。

此外，海绵城市业务在河长信息系统的帮助下还实现了信息认证的规范化，进一步提高了海绵城市业务部门的工作效率。达标认证体系规范化和指标口径统一化，使下级业务部门完成项目建设后，可以由区管理员

第五章
广州治水的数字化转型：实践探索与应用案例

图5-21 海绵城市建设台账示例

在系统中发起排水分区的达标认证申请，填写规范指标，确认项目建设情况。在平台上，达标认证实现了全流程记录，认证过程可倒查可追溯可追责，有效促进了业务流程中不同环节间的协同落实。不仅如此，海绵城市信息化平台还实现了多源数据汇聚一张图，在完成项目建设、排水分区达标建设后，相关数据均可在一张图中展示，全面、直观地展示海绵城市建设进展与具体情况，实现关键数据一图展示。

这样的好处体现在三方面：第一，实现了海绵城市建设动态管理，全面直观地展示海绵城市排水分区、建成区达标情况。第二，实现了海绵城市年度任务管理，在任务管理模块上可直观展示"十四五"规划范围、年度建设任务，年度任务完成情况。第三，可按照全市，行政区/流域、排水单元进行空间拓扑分析，数据随着选择的区域联动，实时更新各个区各个流域海绵城市建设情况，通过行政区维度和流域维度联系自然分区和海绵城市建设目标，进而满足海绵城市建设需求（见图5-22）。

基于统一的数字化平台实现海绵办业务的数据收集、储存、分析、应用和共享，为海绵办业务执行提供数据依据和精确指导，不仅提高了业务执行效率，而且基于数据留痕有利于实现业务执行可追溯，有利于落实各部门的责任，避免推诿扯皮的现象，实现多业务执行协同。同时，基于在业务执行的过程中的问题反馈也将进一步丰富业务数据，海量的治水数据将为业务执行提供更加精确的指导和服务，进而依托海绵城市信息系统实现业务、数据与服务之间的动态闭环，通过数据资产化，有效释放海量数据能量，为实现多元化水环境治理业务协同治理提供有力支撑，推动水环境治理的提质增效。

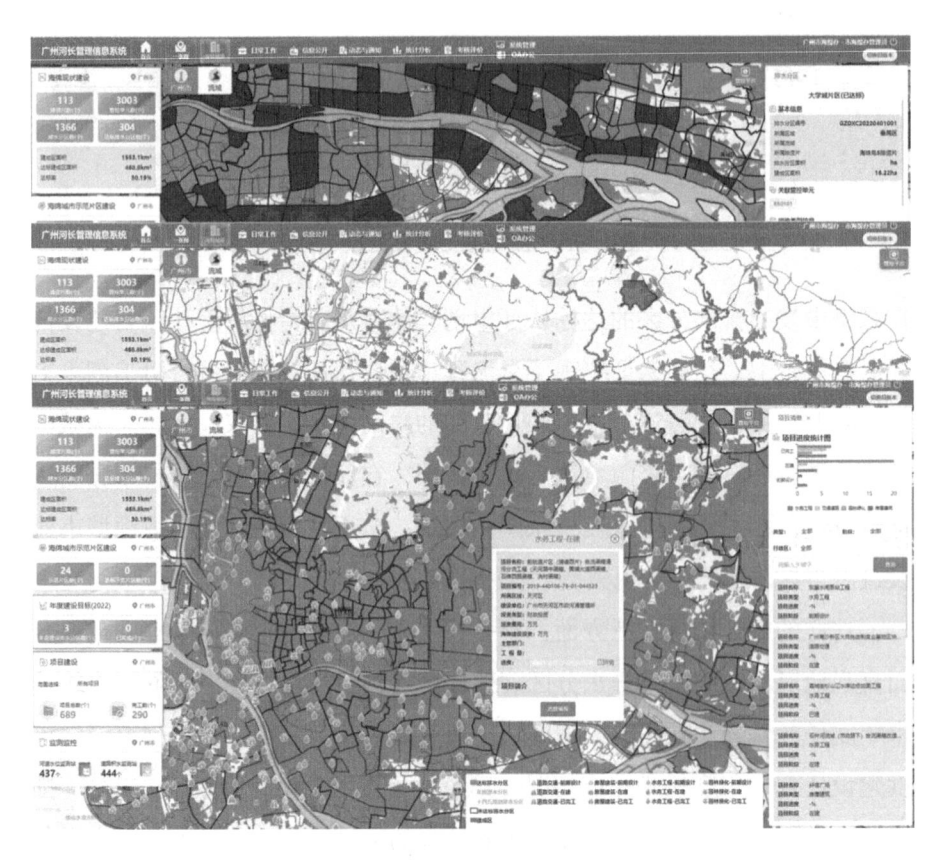

图5-22　海绵办信息化平台

（三）服务—治理：管服一体落实执行，目标一致协同治水

河长管理系统不仅解决了河长办的实际治理难题，更重要的是，该系统包含了一套完善管理流程和处理平台，这本身就可以作为一项服务提供给其他业务部门，从"监督"执行转变为"服务"执行，进而实现治理优

化。通过"管服一体"为具体的业务需求提供支撑，帮助其他部门提高治理效能。在服务业务执行的过程中，基于业务服务的具体需求和难点、堵点对系统进行优化升级，进而进一步优化业务、服务和数据的互动和循环，全面促进业务协同、部门协同、治理协同。至此，数字化平台真正回应了部门间协同困难的问题，较好地使数字技术真正赋能实际治理流程。

1. 提醒：优化数据管理，强化监督能力

基于数字化平台的服务在提高治理效能的过程中会起到"提醒"的作用，即通过平台管理和数据收集系统等服务，帮助业务部门提高监督能力，进而促进工作效率。这一功能也体现了治理理念的显著转变，基于统一的数字化平台将管理与服务相结合，既提升了基层执行者的执行意愿，也便利了管理层的监督管理，有效降低沟通成本，提升跨层级间的协同效率。

基于河长制这一有力抓手，河长管理信息系统不仅支撑起海绵城市检查功能等业务的落地，还结合业务实际推出联合检查、污染源查控信息化等特色业务，实现对前期规划、污染源源头、涉水项目的全流程管控，支撑广州市水环境治理靶向施策、精准攻坚。河长管理信息系统实现了向海绵城市业务的价值外溢，为海绵城市提供了技术支撑，陈主任的工作效率也因此大大提升了。

针对海绵城市项目检查表单内容繁多的情况，手机 App 端海绵城市检查模块可以根据检查人员选择的工程信息，自动显示预先设置好的检查项内容给用户选择和编辑，减少上传人员的填写内容，提高检查效率。检查人员根据工作计划进行项目现场检查，在手机 App 端海绵城市检查模块中实时上报发现问题。

基于此，陈主任在信息管理系统的后台可根据问题的类型和情况进行问题交办，使相关职能部门跟进处理，并在工程整改后进行问题办结流程，整体流程较为顺畅。若工程不能整改，则业务人员需要在系统中进行延期申请，而陈主任同样可以在信息化管理平台中进行审核与录入。从跨层级的视角来看，统一的共享业务数据有利于推动组织结构扁平化，充分提升协调沟通的效率，有效促进上下层级之间基于业务治理达成一致目标，发挥协同合力，提升治理效能。

2. 调整：完善业务流程，提高管理效率

高效的协同治理体系需要依靠不断调整组织资源分配及不同组织之间的合作关系，适应环境的变化和风险。数字化信息管理系统服务会帮助业务部门进行治理"调整"，即通过调整技术工具、履职形式等方式，促进业务流程的完善，进而调整组织关系，提高管理和监督效率。这种"调整"具体体现在以下三个方面。

第一，该服务使海绵城市业务实现了全周期管理。海绵城市信息化平台支撑海绵建设项目全生命周期管理，主要从项目各个阶段、资金、工程设施完成情况进行全方位全流程监管，使各部门间的协同更为便捷。在项目阶段，主要覆盖项目规划、设计、建设、验收、运行等各阶段的情况，把控关键节点。在项目使用阶段，主要涵盖资金构成及使用情况，掌握项目进展。在工程设施完成阶段，实现对海绵工程建设目标与建设情况的监管和监督。此外，该平台另设项目管理模块，全方位对各个模块进行规范化、精细化管理。

第二，该服务使海绵城市业务实现了智能化监管。海绵城市信息化平台支撑海绵建设项目智能化监管，通过河长 App 实现常态化检查机制，检查过程全记录，问题快速交办。如果在检查过程中发现问题，经过业务部门上报后，问题处理过程可在河长信息系统 PC 端进行全流程公开跟进督办，全方位智能化监管。同时，利用河长系统成熟的闭环交办机制与用户体系，打通了多部门协调处理流程，实现海绵建设项目问题的闭环处理，已办理问题也可倒查可追溯可问责，使业务逻辑更为流畅，有效地提高了业务效率。

第三，该服务使海绵城市业务实现了多层级管理。海绵城市信息化平台支撑"九大流域—排涝片—管控分区—管控单元—项目建设"多层级管理体系的构建。在多层体系的基础上，在排涝片区内，结合管控单元，划分管控分区，科学地将排涝片区的海绵城市建设任务分解到排水管控分

区上。并在划分过程中明确按照建设任务工作目标明确指标和建设计划，在此基础上，向上通过流域河长统筹协调，向下压实海绵城市项目建设，稳步有序地完成海绵城市建设绩效任务。

3. 共识：提供协作平台，促进协同治理

管服一体的理念通过数字化统一平台为跨层级、跨部门的协同合作提供了稳定基点，并且在业务执行过程中，促进技术与业务流程的相互嵌套关系不断优化。广州市基于管服一体的治理理念，以服务需求为导向，整合业务数据资源，释放数据治理效能，推动执行能力、执行意愿、治理目标等重要因素之间的互动体系调整适应，这样一方面确保了协同治理的有效性和稳定性，另一方面也实现了数据平台对各个业务部门的广泛支撑。

河长办的信息管理系统服务有效促进了业务流程之间、多项业务之间、业务部门与其他协同部门之间达成"共识"，实现协同治理。海绵城市信息化平台为各地政府相关水务监管、执行人员提供多功能"一站式"平台体验，为实现"横向到边，纵向到底"的协同治水提供技术保障，让水环境问题真正"管得着"。在部门分工的基础上，实现以问题为导向的协同，于不打破原有科层体制的前提下，在新的层面上以信息化的线性联动模式实现协同治理。针对传统信息传递的失真性和时间滞后性，广州市充分发挥数据平台数据统一、时效性快等优势，实现数据赋能多部门沟通，形成多部门的良好协同治水局面。

同时，海绵城市信息化平台依托河长管理信息系统成熟的用户体系，为海绵城市业务多部门协同处置奠定了基础，如项目建设中发现了问题需要多部门协调整改，则可在河长信息系统完成海绵城市问题跨部门交办与整改，促进海绵城市管理机制快速落地。河长管理信息系统通过实现相关机构的信息全覆盖，为多部门协作处置问题提供了统一的协同平台。

（四）韧性治理：内外循环广支撑，治理效能获释放

1. 效能释放：支撑广泛业务，兼顾适应性与稳定性

河长管理信息系统通过将海绵城市等外部业务纳入其中，并同时联通

不同的业务部门，实现了多元业务集成与水环境数据共享共建，体现出从内循环到外循环的路径，是一种河长系统对其他业务部门的广泛支撑。支撑的具体方式包括优化任务交办流程、人员架构体系、用户体系等一系列内容。

同时，河长管理信息系统也可以把不同功能设置为不同模块，使其他业务部门根据需求组合自己需要的系统服务。业务部门还可以把自己的业务需求告诉河长系统相关部门，让河长管理信息系统部门人员根据自己在河长办的经验设计并上线功能。同时，其他业务部门使用了该系统后，对河长办来说，也完成了数据反哺，例如海绵城市会收集排水单元的建设情况等，这些指标情况可以被河长办运用到预警模型中，体现出数据共享对治理效率的提升。

除了海绵城市业务，在具体的治水实践中，广州市借助数据信息化手段支撑了河长令和各项专项治水任务的开展，实现了总体水治理效能的提升。例如，支撑网格化治水，形成"以流域为体系、以网格为单元"，全覆盖、无盲区的治水网格体系，整治率高达97.45%。支撑"清四乱"，各级河长已累计通过系统上报"四个查清"问题1.8万个并顺利完成专项任务，使水环境风貌焕然一新（见图5-23、图5-24）。

支撑联合突击检查，重点面向工厂与村级工业园区、农贸市场、餐饮类等污染源，针对"查、交、督、核"等环节开展调查，截至2020年12月，广州市河长管理信息系统共绘制了8万余张作战图，有效上报了超过8.5万个污染源，整治销号超8.4万个，整治销号率高达98.76%。

河长信息系统不仅为水环境治理业务提供了有效支撑，其广泛汇集、共享的数据同样为更加多样化的业务提供了有效的帮助，并为城管部门、住建部门、工信部门等多个部门提供数据与算力支持。例如，支撑建设规划科学性，相关规划部门通过调用水域生态空间数据，推动整体建设规划与水域生态保护的协同，通过精确的数据依据论证建设方案的科学性、可行性、环保性，提高业务统筹程度。又如，农业农村部门通过调用水务数据展开了鱼塘养殖等业务的管理与监督，广泛拓展了部门的业务范围，提高了执行效率。

涉嫌违建

任务总数	已销号	总面积(平方米)	整治面积(平方米)	拆除面积(平方米)	整治率	复查率	复查通过率
8	8	1334	1334	1183	100%	6	100%
194	110	103398	70970	15733.61	56.7%	54	96.3%
102	21	57549.072	4118	3381	20.59%	34	61.76%
31	19	47524	10290	9564.11	61.29%	19	68.42%
664	328	1216273	445725	191442.2	49.4%	127	85.04%
104	87	154917	105883	44882.32	83.65%	63	85.24%
339	263	282748.047	171286.017	106940.56	77.58%	287	85.02%
2249	396	619033.11	179962	46196.19	17.61%	632	39.87%
4793	1386	828850.072	229296.04	219333.97	28.92%	1372	93%
367	301	248885	238162	12866	82.02%	29	100%
240	86	253625.5	27478	30698.01	35.83%	71	81.69%
9091	3005	3814136.801	1484504.057	682220.97	33.05%	2694	82.41%

图5-23 涉水违建整治情况

图5-24 "清四乱"行动整改前后对比

一方面，这可以看出，河长系统在实现韧性治理时体现了较强的适应性。其一，基于统一的数字化平台汇聚多元数据，通过将业务数据化推动数字业务数据的分析应用，为风险识别与科学决策提供有力依据，提升了治理的适应性。其二，基于全面宏观的数据呈现治理效果，帮助部门通过调整技术工具、履职形式等方式，促进业务流程的完善，进而调整组织关系，提高管理和监督效率，提升组织适应性。

此外，这一数字化平台会根据实际的业务需求不断优化自身，并动态捕捉自己业务或其他业务部门的治理需要，提升系统外部适应性，进而适应更复杂的社会治理需求与环境。这种不仅是一种系统层面的适应性，更是一种治理理念层面的适应性，河长办以及治水部门的相关制度和体系使治水业务部门拥有面对动态挑战的适应性应对能力，并通过河长管理信息系统将这种适应性落实于实际工作中。

另一方面，河长系统也体现了较好的稳定性，这种稳定性对于向内提高治理效率和向外支撑其他业务部门都有重要意义，也是韧性治理的重要一环。河长系统已经经过了3年的使用和调整，整体业务流程和系统架构也已相对成熟稳定。因此，其他业务部门可以借助河长系统成熟稳定的用户框架和数据逻辑，使用自己所需的数据系统，而不用花高昂成本重新建立自身的系统。系统所蕴含的成熟稳定的操作流程、规范标准以及体制机制，正是河长系统帮助业务部门实现韧性治理的关键因素之一。

此外，基于数字化协同平台搭建起的韧性治理协同机制、信任框架与伙伴关系具有较强的系统稳定性，可以有效应对环境冲击与压力，实现韧性治理目标。而这种治理韧性也将使平台在面对新的业务加入时，可以更便捷地实现功能调整、更快速地提供相应帮助，实现平台的动态调整。

2. 协同共治：释放治理效能，实现韧性治理

当前，跨层级、跨部门之间的协同困境仍是制约治理效能全面释放的瓶颈。在基层治理实践中，由于缺乏体系化的协同机制和统一协同平台，不同业务部门围绕自身目标配置资源，导致了不同业务之间、不同部门的协同困境。从纵向跨层级部门协同来看，存在单向沟通、协同效率低等典型协同问题。从横向跨部门协同来看，部门协同合作面临着难以跨越利益冲突、责任纠纷、信任壁垒等多重梗阻。因此，协同治理呈现临时性、碎片化、低效率等问题，难以实现资源要素的合理配置、充分释放治理效能，实现有效、高效、适应、稳定的韧性治理。

数字化背景下，利用数字化技术破除治理协同困境成为迫切任务。为应对治理协同困境，形成高效沟通、目标一致、稳定运转的跨部门协同治理体系，广州市基于现实治水需求，借助数据信息化手段，以广州河长管理信息系统为抓手，在优化科层治水结构、减少推诿扯皮、强化留痕管理等多个维度实现了数据赋能部门协同治理。

在此基础上，广州市形成了一套以河长信息系统为数据中台，履行统筹职责，打造体系化协同治水模式（见图5-25），探索协同治理有效方案。在横向协同中，各部门通过数据共享，打破了"信息孤岛"，完善了"河长吹哨、部门报到"的协同体系，实现了横向部门的良好协同；在纵向协同中，系统提供了下级向上级反馈治理难题和需求的渠道，可以较好地缓解纵向沟通困境。

继而基于河长信息系统这一统一数字化协同平台，实现多元业务的联动和数据的收集、共享，为广泛的业务提供坚实技术与机制支撑。同时，通过促进决策协同、业务协同与部门协同治理极大提升了组织对业务执行状况与业务环境的态势感知，提高了政府在治理过程中的动态调整能力，有效提高了治理的高效性与适应性。随着数字化技术与业务流程、组织关系的调试与优化，能力—意愿—目标一致的协同治理体系不断完善，提升治理的有效性与稳定性。

进一步地，基于统一的数字化协同平台与共建共享的数据治理体系，围绕协同治理的有效性、高效性、适应性、稳定性四大要素，提高业务目标、组织目标的协同与业务执行的联动，实现"技术韧性"、"服务韧性"、"目标韧性"与"制度韧性"，构建协同治理长效发展机制，全面释放韧性治理的效能。

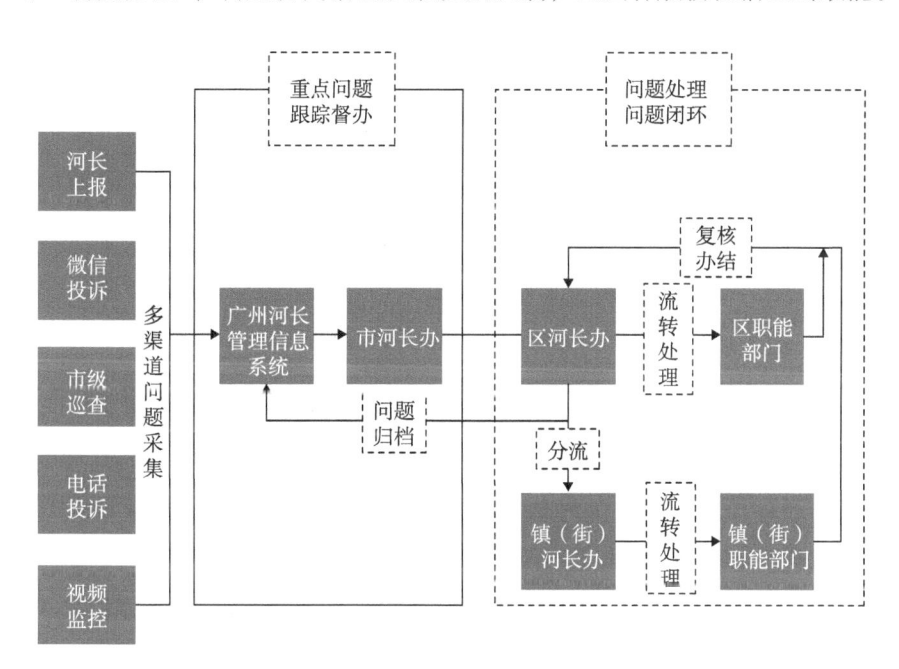

图 5-25　广州市协同治水模式示意

对于基层的工作人而言，"统一的数字化平台改变了原来通过公文层层上报的低效执行模式，实现了问题的快速上报和基于明确职责划分的业务流转，提高了问题解决效率。而且依托于系统的业务执行可以直接形成工作日志和台账汇总，不再需要费时整理，极大地减轻了工作负担"。对于管理人员而言，"统一的数字化平台不仅提高了数据汇集效率，而且保障了数据的质量，同时基于业务设定了数据获取与共享的权限，使跨部门数据协同不再需要层层的申报和审批，有利于实现跨部门数据共享与业务协同。其次，扁平化的业务数据汇集和业务执行与责任追溯进一步促进了跨部门复杂业务的责任划分与落实，促进了跨部门间的数据协同与业务协同，推动了协同共治的实现"。

截至2020年12月，广州河长管理信息系统中共计收录了626条海绵工程信息；完成了87次海绵城市检查，其中，合格次数为68次，合格率78.16%；交办问题32条，已办结14条，办结率为43.75%。陈主任开心地表示："海绵城市建设取得的成绩离不开河长制框架体系的有力支撑，它全面驱动了海绵城市建设项目管理流程再造和效率的提升，通过海量数据的收集和分析也将推动海绵城市建设不断升级。"

河长信息管理系统的出现是对广州市水务工作的结构性升级，而海绵城市业务有益于该信息管理系统的现象，进一步反映出此种数据共享机制对其他公共治理领域的价值外溢作用，而这种外溢将在不久的将来辐射到更多的业务之中，使更多的业务部门享受到高效的跨部门协作，并实现广泛支撑。

基于多年的工作经验积累，陈主任指出："跨部门协作的问题可能不是某个单独的业务部门能够解决的，这需要从更高的维度对治水相关的治理方式进行更为根本性的升级。河长办作为有协调各部门能力的组织机构，其自身管理系统的信息化升级会使所有相关业务部门都有所受益，具有广泛的业务支撑作用，在治水能力升级中起到了至关重要的作用。"

五、数据赋能全参与——打造"共建共治共享"的治水新格局

"这位叔叔,生活污水是不能直接排进河涌的,不能贪图一时便利,您的这桶污水应该倒进家里的污水管哦!"驷马涌的河岸边传来了清脆的童声,一位14岁的校服装扮的小女孩正在阻止河岸上一位小食店店主将污水随意倒进河涌。小食店店主嘟囔了两句,之后还是听从了小女孩的劝阻,把那桶污水带回了小食店。

这位小女孩名叫潼潼(化名),是就读于广州市南海中学的初中一年级学生,同时,她还有另外一个身份,是广州市荔湾区河长办正式聘任的民间小河长。潼潼自2017年开始担任民间小河长,当时她就读于广州市汇龙小学,是广州最早的一批民间小河长。时至今日,小河长这一重身份已经彻底融入了潼潼的生活,参与治水已经成为潼潼生活中不可或缺的一环。

成为小河长的这6年来,让潼潼感受最深的是当年坐在教室,总能嗅到河涌的臭味,若有若无,挥之不去,而现在,广州的河湖终于能见到鱼翔浅底、白鹭重现,这是广州河长制的阶段性成果,同时也是每一位民间小河长共同努力的成果。从不知治水为何物,到积极参与治水实践活动,再到带动家人乃至推动社区参与治水,潼潼与她的小伙伴们跟随河长制一同成长。谈起成为小河长的心得体会,每个小河长都争着诉说自己的感受,带领我们了解到一个个鲜活个体背后的故事,更深入地体验到广州市全民治水文化氛围的魅力。

作为最早的一批民间小河长,潼潼亲身贡献着自己的小小力量,也见证着民间治水队伍的日渐壮大,让我们循着民间河长参与治水的足迹,感受治水行动在公众群体中生根发芽的历程。

（一）问题浮现：民间治水协同力量难以调动

1. 公众与治水——两条不相交的平行线

民间小河长潼潼坦言，在她上小学时，并不知道什么是河长制，对于治水也是一知半解："以前虽然觉得河很臭，但都只想快点走开，并不知道自己能够做些什么。"潼潼所言并非独有现象，在过去，公众与其身处的水环境在某种程度上是两条平行线，不少公众即使看见问题也很少上报。另一位民间河长也提到，在早期参与治水时，并没有上报问题的意识："当时没有反馈的概念，就大家在河边走一走，看到什么情况就自己记录下来。"

群众是水环境治理的最终检阅者，更是水环境保护的主力军。群众能够及时发现身边水污染问题，通过举报投诉、志愿活动等方式共治河湖污染问题，是水环境治理中不可忽视的重要力量。但正如潼潼所言，许多涉水违法事件"投诉无门"，民间力量难以调动。

究其原因，首先，公众治水参与的能力不足。由于缺乏直接有效的信息途径，社会公众对目前水环境系统的科学认识尚不清晰，也对治水参与的方式不甚了解。其次，公众治水参与渠道不足。由于传统问题的上报手段较少，加之上报方式不便捷、宣传力度低，许多公众并未意识到自己也能参与改善水环境，久而久之便形成了"治理只是政府一家之事"的认知。最后，公众治水参与意愿不足。传统的问题上报手段成本较高，反馈不及时，大大消耗了公众参与的热情，很难对水环境治理工作产生认同感，催生了公众"懒得报"的心理。

要实现从"治水是别人的事"到"治水是大家的事"的态度转变，并用实际行动将其落到实处，需要充分学习生态文明理念、了解全民参与治水的必要性，还需要帮助公众掌握参与治水的多种能力、知晓上报及反馈问题的渠道、提升公众参与治水的意愿和积极性。总而言之，要充分调动公众参与治水的主动性绝非易事。

2. 治标不治本——参与能力和意愿亟待提升

水环境治理是一项内容广泛的系统性工程。一方面，水环境治理包括法律、经济、社会、政治等一系列活动；另一方面，水体的流动性和跨域跨界特点，使水环境治理任务无法单独依靠一个部门、一个地方政府来完成。在此背景下，公众治水参与不足的问题逐渐引起了广州市的关注。

秉持着从数据挖掘问题的理念，广州市对市民投诉数量等数据进行了相关统计与分析，并开展了问卷调查以深入了解公众参与意愿，试图挖掘现阶段的关键问题，探寻公众治水参与度低的真正原因。

以"共筑清水梦"微信公众号（原"广州治水投诉"微信公众号）为例，数据分析结果显示，公众参与情况不容乐观。一方面，公众投诉总量极少。截至2017年11月，仅受理了微信投诉389宗，与河长上报问题数量相比，群众力量未得到有效动员与发挥（见图5-26）。另一方面，公众投诉质量也相对有限。违法排水有奖举报的社会知晓率较低，尤其是推出红包奖励功能后，大多投诉线索来自奔着奖励去的"职业投诉人"，市民投诉线索少。数据显示，在提供违法排水有奖举报线索的群众类型中，非专业户的举报线索仅占37%（见图5-27）。

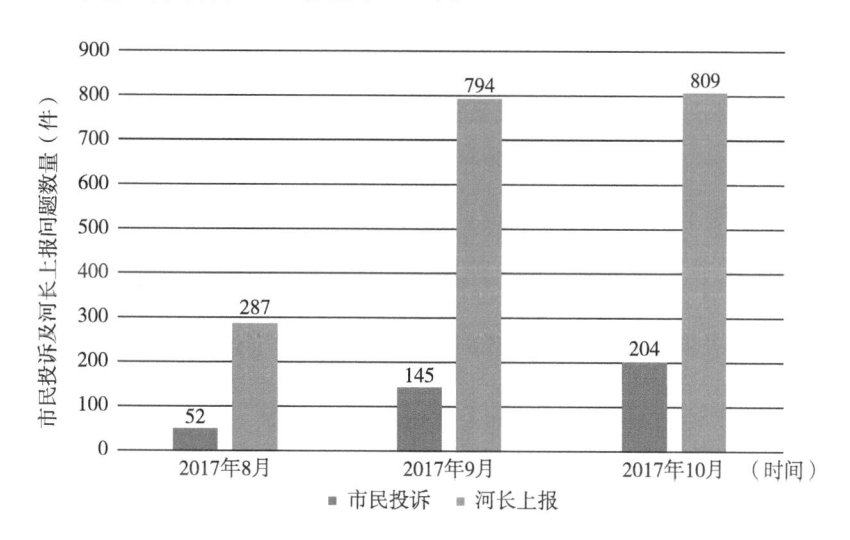

图5-26 市民投诉及河长上报问题数量对比

非专业户举报线索 37%

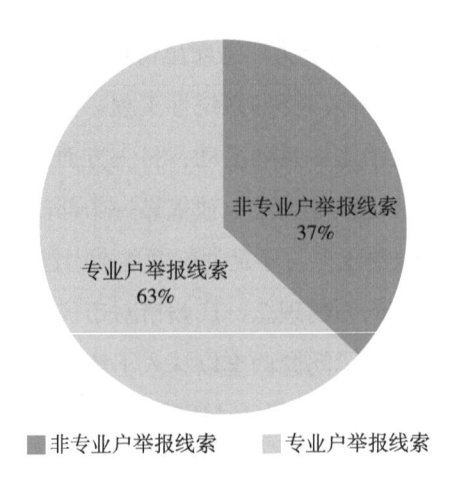

专业户举报线索 63%

■ 非专业户举报线索　　■ 专业户举报线索

图 5-27　违法排水有奖举报线索类型

数据分析结果充分表明，公众在水环境治理中明显缺位，由此可能出现治水参与中政府"热"而公众"冷"的局面，致使水环境治理具有典型的政府依赖性和工程依赖特征。

黑臭水体的消除离不开政府的统筹推进和工程治理的深入作用，但在公众有效参与缺失的情境下，既无法对治水相关部门的懒政怠政问题进行有效监督，也可能造成对治污河湖的二次污染，导致河长制陷入"整治—反弹—回潮"的怪圈，沦为"治标不治本"的运动式治水机制。要实现治水的长制久清，从源头上治污并保证成果长效不反弹，公众的参与和监督是关键。

总而言之，公众治水存在参与群体较少、参与能力有限、参与渠道不足、参与意愿不高等问题。因此，提高公众参与度，需要从群体、能力、渠道、意愿方面寻找关键问题，抓住问题短板。

（二）技术牵引：基于用户画像搭建内外协同平台

为对症下药，激发公众参与水环境治理的热情，广州市河长办采用问卷调研的方式进行数据采集，并对相关数据进行用户画像分析，以全面了解广州市公众治水参与的基本概况，并根据数据分析结果打造数字化协同平台，试图从渠道上解决公众参与治水的驱动力和有效性问题。

1. 数据生产：开展问卷调研，回收"广州样本"

为推动全民治水，提升广大群众的参与度，打造共建共享共治的社会治水新格局，广州市河长办采用问卷调研的方式进行数据采集。问卷具有结构性、标准化、指标化等优点，较适合在短期内收集大量资料，能有效采集政务服务满意度的实证数据。调研以公众治水参与为重点，研究当前广州市公众治水参与的基本概况以及影响公众治水参与广度与深度的因素，从而展现数据赋能公众治水参与的"广州样本"，为广州市进一步完善全民治水格局提供参考依据。数据生产部分主要分为问卷调研的设计、问卷的抽样派发和问卷的回收统计三个阶段。

（1）问卷调研的设计

广州市河长办根据针对测评对象的深度访谈和前期收集的意见、数据等相关材料进行主客观考量，采用封闭式和开放式问卷相结合的形式进行问题设计。在问卷设计过程中多次召开课题组会议，并邀请高校的专家学者参与讨论，完成问卷的初步编制与修改。

试调查阶段。问卷初步编制完成后，根据便捷性原则以及代表性原则，依托广州市河长办开展的"街头志愿者摆摊活动"，由5名课题组成员组成试调查小组，以街头定点派发的方式在广州市越秀区北京路随机抽取调查对象进行试调查，共派发问卷90份，回收有效问卷83份。

问卷修改。针对试调查发现问卷存在部分问题设置不清晰、问卷问题过多、回收率不高等问题，课题组成员和专家讨论后对部分问题进行了修改，最终形成调查问卷定稿。

（2）问卷的抽样派发

问卷抽样。此次问卷的试调查阶段采用偶遇抽样方法，结果发现，大部分公众对参与治水普遍缺乏认知与行动，背后的原因是抽取的对象非治水"利益相关者"。为契合本研究的调查需要，对"公众"的概念界定为"接触过或参与过治水的公众"，而非一般群众，在此基础上以目的抽样与配额抽样相结合的抽样方法对广州市11个区抽样。

问卷派发。问卷包括个人基本信息和治水参与状况调查两大部分，此次调查采用线上问卷调查形式,并以有奖填答方式吸引受访对象,通过委托各区河长办面向不同公众治水微信群进行派发,再以"参与深度"及"参与广度"为标准,剔除了参与广度选择"不知道"与参与深度选择0次的无效样本。

(3)问卷的回收统计

总体来看,问卷的派发量与有效回收量具有代表性,此次调查共派发问卷1486份,有效回收数量为1251份,有效回收率为84.2%。各区问卷派发和回收情况如表5-9所示。

表5-9 问卷派发和回收情况

地点	回收问卷数量(份)	有效问卷数量(份)	有效回收率(%)
越秀区	66	53	80.3
海珠区	100	84	84.0
荔湾区	348	288	82.8
天河区	116	95	81.9
白云区	102	84	82.4
黄浦区	94	79	84.1
花都区	192	171	89.1
番禺区	94	74	78.7
南沙区	47	44	93.6
从化区	117	93	79.5
增城区	210	186	88.6
合计	1486	1251	84.2

2. 数据分析:用户画像描绘,探索改进方向

在数据分析阶段,主要通过问卷调查对公民的参与主体、参与行为与渠道、参与质量等各种维度的数据进行统计分析,将调研分析结果用于支撑公民参与治水的能力、公民参与治水的渠道、公民参与治水的意愿三大层面的探索。结合对数据的分析,广州市解答了哪些主体有可能参与、渠道建设现状如何、参与过程现存哪些问题等关键性问题,力图通过服务业务化、业务数据化、数字资产化、资产服务化的动态过程,为促进渠道建设、机制优化、形式改变提供支撑。

（1）群体画像：参与人群分析

在参与人群的分析方面，分别从受访者的性别、年龄、职业、政治面貌、参与深度等情况进行统计分析。

从性别来看，受访者中男性有645人，占比为51.6%；女性有606人，占比为48.4%，男女性别样本基本均衡。从年龄来看，受访者主要集中在19~30岁，占比为32.5%；31~40岁次之，占比为31.6%。从职业上看，最多是在党政机关工作，占比为30.2%；其次是社会组织工作者，占比为14.7%。从政治面貌来看，群众数量最多，占比为63.74%；其次是中共党员（含预备党员），占比为22.89%。从参与深度上看，公众参与治水次数以"1~3次"居多，占比为43.49%；其次是10次以上，占比为27.42%。从参与广度上看，公众参与一种治水活动类型的居多，占比为51.32%；两种类型的次之，占比为26.22%。

由此可见，参与群体存在不均衡性，中青年群体、党政体系工作群体等参与度更高，同时，公众参与次数较少，且参与类型较单一，因此，需进一步拓宽群体类型，不断提升公众参与的深度和广度。

（2）能力画像：参与质量分析

参与质量直接代表着民间河长参与治水的能力与效果。在公众治水能力上，需要对数据赋能治水参与质量的结果进行测量，如对治水工作的了解程度、对治水平台的使用程度、对问题的识别能力、判断涉水问题的专业程度等。

从对河长制工作的了解程度上看，选择"比较了解"的受访者最多，有514人，占比为41.09%；选择"非常了解"的受访者次之，有497人，占比为39.73%。从问题识别能力来看，受访者能够识别的涉水问题以工业废水排放、生活污水排放、生活垃圾为主；也有部分公众能够识别养殖污染和涉水设施损坏等问题，这表明受访者具备了基本的水污染问题识别能力，涉水知识面较广。从判断涉水问题的专业程度上看，45.0%的受访者错选了"水质清澈水质一定很好"，23.3%的受访者错选了"Ⅴ类水比Ⅰ类水水质更好"。

综上所述，公众对治水工作的了解程度较浅，对涉水问题的识别面较为基础，在水环境治理领域的专业知识储备不够强，需要增进公众对治水工作的认知。

（3）渠道画像：参与渠道分析

公众参与治水需要依托一定的渠道和平台，从而将个人的治水想法传导到政府端及实际治水行动中。在参与渠道上，需要对公众参与渠道的选择、渠道使用频率、渠道偏好情况等进行数据测量。

从受访者对治水平台（如"广州治水投诉""广州水务""广东省智慧水务"等）的使用频率上看，36.5%的受访者表示会经常使用到相关治水平台；累计96.1%的受访者有使用过信息化的治水平台。从公众的治水参与渠道上看，664人使用过微博、微信公众号或者小程序参与治水，占比27.3%；408人使用过电话热线参与治水，占比为16.8%；241人使用政府门户网站参与治水，占比为9.9%；347人通过官方河长参与治水，占比为14.3%。

由此可见，公众对治水平台的使用率较低，主要偏好使用移动端渠道参与治水，因此，需进一步完善以移动端为主的各渠道使用体验，提高治水平台使用率，提升公众对治水的参与度。

（4）意愿画像：参与心理分析

在公众参与治水实践的过程中，其治水行动和行为受到心理感知作用的影响。要全面测量数据赋能治水参与的意愿，首先，要对公众参与治水的满意度和动力因素进行测量；其次，要对公众使用数字化平台的感知进行测量，如平台使用的满意度、信息公开程度、渠道丰富性、参与便捷性、参与的阻碍因素。

从对河涌的满意程度上看，受访者选择"非常满意"的最多，有619人，占比为49.48%；选择"比较满意"的次之，有457人，占比为36.53%。从驱动治水参与的动力因素上看，受访者选择参与治水的动力因素以"'开门治水，人人参与'的使命感""水污染严重，影响自身正常生活""个人兴趣与爱好"为主，占比分别为27.9%、22.5%、17.8%。从治水参与的障碍因素上看，主要包括"工作太忙没有时间"、"参与渠道少"和

"平台操作复杂"，占比分别为24.3%、12.3%和12.1%。

基于上述结果可知，公众对治水满意度较高，但参与的动力不足、兴趣较弱，参与过程受到工作时间、渠道体验等因素阻碍，因此，需要提升治水的趣味性和便捷性，增进公众参与治水的积极性。

3. 数据驱动：打造协同平台，发掘联动潜力

根据问卷调查数据，各年龄段、各类身份的公众群体都在一定程度上了解或参与治水活动，也有不少公众使用过信息化治水平台，但在治水参与的过程中，存在参与渠道少、平台操作复杂等障碍因素，公众对河长制工作的了解程度和参与广度及深度仍有待提高，治水参与面临"群体不足""能力不足""渠道不足""意愿不足"的问题。

针对上述问题，河长办设立了"知水""治水""乐水"三大路线，通过"共筑清水梦"IP凝聚公众共识，并紧紧围绕这一IP打造了两个治水专用线上平台——"共筑清水梦"微信公众号及小程序（见图5-28），力图推进知识赋能、拓宽参与渠道、增加参与感和正向激励，使公众借助协同平台成为治水参与的主体之一，发掘政民联动治水的潜力。

图5-28 "共筑清水梦"微信公众号及小程序平台界面

（1）平台打造：拓宽公众治水参与渠道

"共筑清水梦"微信公众号，通过分享河长制相关工作、设立治水参与渠道、开展河长制科普宣传等形式，提高河长制影响力，形成共建共治共享的治水新格局。一方面，侧重信息宣传，通过定期推送文章让公众了解治水；另一方面，提供"筑清水""齐参与""广科普"三个板块的服务，让公众了解河湖资讯、互动参与交流、科普河长知识等。

"共筑清水梦"微信小程序，立足知识科普、切实参与、趣味活动，以"知水""治水""乐水"三大板块构建公众治水互动平台，全方位加强公众与水的联系，建立全民治水新风尚。

在"知水"板块，包含"全民河长课堂""直播培训""IP 大展台"三个模块，通过提供课程视频、开设直播平台、展示宣传物料的方式解决公众在水环境治理领域的知识储备不足的问题。

在"治水"板块，包含"全民巡河""治水投诉""建言献策"三个模块，其中，"全民巡河"即公众模拟河长巡河履职，公众还可以通过"治水投诉"和"建言献策"两个意见收集渠道进行上报反馈。

在"乐水"板块，包含"点亮河湖""悬赏巡河""答题挑战""活动专区"模块，例如，"点亮河湖"通过引导公众亲水爱水，体验广州治水成效，用快门记录河湖美景；"悬赏巡河"鼓励公众巡查特定河湖、上报问题，调动公众参与治水的积极性。

"共筑清水梦"微信小程序获得的所有公众反馈数据均会共享至河长系统，助力河长及时解决相关问题，有效推动了公众与河长的联动与协同。

（2）潜力发掘：政民互动形成闭环机制

河长考核、风险预警和差异化巡河中很重要的一个构成部分是公众投诉，公众投诉是触发预警的重要前提之一。治水协同平台的打造，为公众投诉提供了多样化渠道，发掘了公众联动治水的潜力。

2022年5月，热心市民陈振南（化名）发现有大量黄泥浆倾泻，破坏了河堤植物，影响了河涌水质，于是，通过"治水投诉"板块向"共筑清水梦"微信平台进行投诉。天河区河长办接到投诉后迅速赶到现场核查，并跟踪记录涉事单位进行处理，将结果反馈给市民。

像陈振南这样公众参与治水的案例还有很多。"共筑清水梦"微信平台的打造实现了公众与官方的联动，政府部门可以通过平台传递治水知识与最新进展，公众也可以借助微信渠道将意见反馈给政府部门。正如民间河长高河长所说："全民治水需要倚仗一个工具，我觉得'共筑清水梦'就是一个比较好的抓手……它能连接起河长办或治水部门与民间治水的力量。"

除了通过微信上报，公众还可以通过12345热线、门户网站、电子邮件等多种参与渠道将治水问题向相关部门反馈，相关信息经过审核后会推送至后台管理系统和河长管理信息系统，由相关人员进行受理、判别并处理，能够及时处理的由相关部门闭环解决，不能及时处理的也将持续跟踪直至问题完全解决。办结结果由相关人员进行现场复核，确认妥善办结的即可销案，办理不彻底的则重新回到问题流转环节，派发给相关部门重新办理。整个处理进展都将实时反馈至平台供举报人查询，实现政府内外良好互动（见图5-29）。

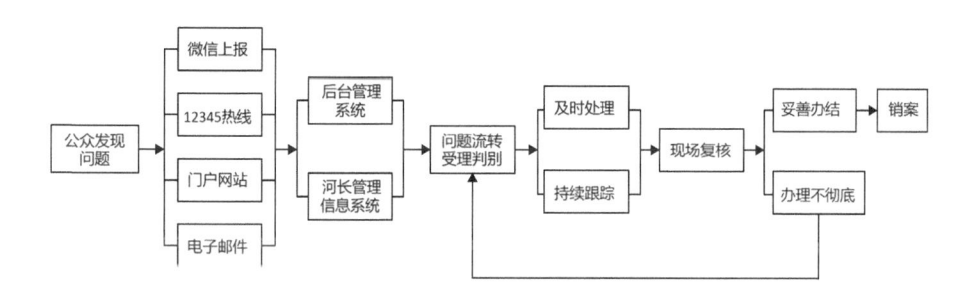

图5-29 公众反馈问题闭环处理机制

4. 能效释放：数据挖掘价值，改善协同过程

（1）技术预警：研判河流风险，实现主体联动

河长办注重对河流状况的事前预警和预防。"共筑清水梦"微信平台依托技术对河湖水质、河长日常工作情况、河湖问题等涉河信息进行大数

据研判，识别可能存在返黑返臭、水质下降等问题的风险河流，使河流问题得以及时发现、及时整治。

对于出现严重问题的河流，则直接由河长办派出相关人员进行核查及整治；对于出现一般性问题的河流，则在"共筑清水梦"微信平台的"悬赏巡河"板块挂起（见图5-30），由公众主动报名，对河流问题进行重点巡游，核查大数据研判的风险是否存在，并将巡河结果反馈至平台，平台则对公众给予一定的积分奖励。例如，近期技术平台识别到车陂涌可能存在返黑返臭的风险，河长办将这一河涌面向公众开放，鼓励公众报名进行检查。

通过技术平台、河长办和公众之间良性高效的互动，既使河流问题能够及时发现并得到处理，又调动了公众真正参与到河湖治理之中，还能缓解河长办巡河人力不足的问题，从而实现多主体的协同治水。

图5-30 "悬赏巡河"板块活动信息

第五章 广州治水的数字化转型：实践探索与应用案例

（2）价值挖掘：分析用户数据，优化治理协同

随着水环境治理的日趋复杂，以"数据驱动"为特征的智慧治水模式成为新的导向。公众在使用"共筑清水梦"微信平台时，可以观看线上科普课程、参与河流打卡及答题活动、反馈河流情况等，在这个过程中，将产生巨量的、高频变动的数据。

目前，"共筑清水梦"微信小程序河长课堂模块上线了243个微课视频，自2020年起平均每月上线6个微课，持续为全民治水科普赋能，提升了公众参与能力；在参与程度上，"共筑清水梦"微信小程序使用频次0~6小时、6~12小时、12~18小时、18~24小时的平均使用比率分别是16%、45%、23%、16%（见图5-31）。"共筑清水梦"微信平台优化了渠道，拓宽了参与的时间、广度及深度，让市民可以随时随地参与治水。

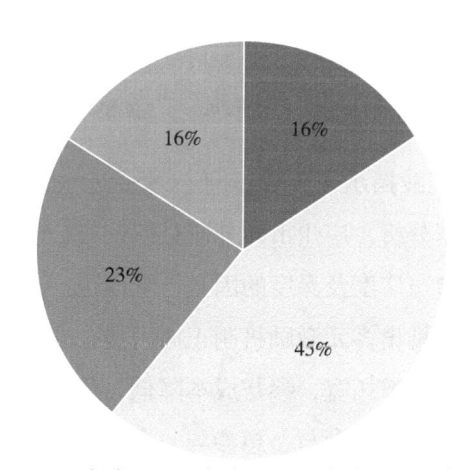

图5-31 "共筑清水梦"微信小程序访问时长占比

当前，"共筑清水梦"平台建设正在发展阶段，用户数量仍在快速扩增。未来，河长办将通过广泛宣传引导等方式，调动公众加入"共筑清水梦"微信小程序的使用。届时，后台将产生庞大全面的用户参与数据，包括公众群体、知识储备、参与次数等信息。

在大数据分析、云计算等技术日渐成熟发展的背景下，河长办能够通过技术化手段并借助数理统计和深度分析等方法，挖掘出数据背后的含义，实现从数据采集、数据存储、数据分析、数据应用的全面整合。依托数据分析结果，河长办可以建立公众参与的群体画像、能力画像、渠道画像、意愿画像，从而有针对性地根据用户特征完善制度设计和活动设计。

例如，通过问卷调查数据及"共筑清水梦"微信小程序建言献策模块收集用户声音，河长办根据用户意见不断更新优化，保持每月对小程序各个模块进行更新，目前已累计开发和调整近10个功能模块，拓宽了参与渠道，简化了操作流程，不断提升了公众的治水参与体验。

河长办通过对平台数据的分析，能够在留住已参与公众群体的同时，进一步调动尚未参与的公众加入治水行动。在这一过程中，技术平台的数据价值得到显现，并助力河长办探索治理的优化方向，推动协同主体的拓宽和协同治理效能的提升。

（三）服务带动："知水""治水""乐水"三元共筑清水梦

广州市的系列实践揭示了现代信息技术促进全民参与的可能性。通过问卷发放及大数据分析，广州市充分研究广州市公众治水参与的基本概况及影响公众治水参与广度及深度的因素，从而进一步驱动河长制宣传精准覆盖，同时也适时推出多元激励机制正向引导公众参与治水。在广州市的努力下，公众参与渠道拓宽，参与成本降低，河长制的治理效能在基层得到充分释放，更多公众能参与、想参与、会参与，浓厚的全民治水氛围正在全市形成，一个人人有责、人人尽责、人人享有的治水协同体逐渐形成。

1. 痛点提醒：治水力量不成熟，协同机制待探索

（1）民间河长难合力，参与体系待完善

为提升广州水环境质量，广州市在2016年全面启动河长制工作后，根据中央《关于全面推行河长制的意见》，于2017年在全省率先出台《广州市全面推行河长制实施方案》，河长制工作提档升级，将河湖长制列入全市重点工作进行部署。除了设置九大流域市级河长、细化河长责任，还率先创新推出"党员河长、企业河长、学生河长"三大民间河长参与机制，主动吸纳、鼓励公民参与治水、护水。

在民间河长队伍不断扩大的同时，也遇到了不少困难。潼潼和她的同学表示："最初成为小河长的时候，我们参与的次数不是很多，不太清楚自己能做些什么，也会偶尔觉得有点无聊和无趣而变得懈怠。"可见，从民间河长的角度而言，他们难以深度融入治水活动。

首先，民间河长的工作热情容易消退。民间河长主体分散，尽管他们参与到了河湖长制实践过程中，但是没有统一的职能划分和责任分工，更缺乏对民间河长的绩效考核和刚性量化的指标，以致民间河长长期奋战在河湖治理第一线，却缺少相应的激励和肯定，在工作持久性上容易放松。

其次，民间河长个体或者小团体能发挥的力量有限。河长办与公益团体、环保协会等民间治水组织缺乏长期的合作和协同机制，他们往往按照自己的方式行事，未能与广州市的治水实际做紧密结合，导致成效难以有效发挥，影响着河长制的稳定性。

最后，民间河长缺乏深度融入治水活动的资源。民间河长不仅缺乏治水的专业知识技能和相应的经费支撑，参与治水的渠道也较为单一，在开展治水相关工作时难以进一步深入推进。

（2）公众力量不均衡，广度深度均不够

在不同行政层级中，非官方主体的治水参与力量不均衡。省市一级的虹吸效应比较明显，宣传更加充分，非官方组织参与数量较多，资金来源较为充足、专业技术资源较为丰富，且参与机会比较公平，参与积极性明显较高。但是到县乡村一级后，参与主体数量明显偏少，组织力量也比较薄弱，政府外的参与主体大多为当地政府聘任的"民间河湖长"。

在不同地域中，地区资源存在差异。由于经济发展不一致，同等行政层级下，经济发达地区财政资金充足，支持作用大，非官方组织参与河湖长制积极性高，而经济相对落后地区受当地财政资金影响，非官方组织培育较少，参与数量和质量都明显较低。

在群众参与广度上，不同政府层级的媒体宣传力量不同，导致受教育宣传的群众覆盖面不同，市一级的居民对河长制了解明显要多，而且受河长制的影响也较大，然而乡村一级的居民对河长制并不是很了解，即便知道也只是零碎的信息。

在群众参与深度上，河长制宣传碎片化现象明显。早期绝大多数宣传引导都只是讲概念、提要求，没有系统地对治水文化内涵进行深度讲解，因此多数民众对河长制的了解是零散的，甚至只是了解一个词语的表象意思，没有对于河长制更具体的概念认知，更谈不上系统的知识体系，使河长制的本质内容和"参与治水，人人有责"的文化思想没有入脑入心，浮于表面，流于形式。

另外，政策宣传的片面性依然存在。随着生态环境保护工作的宣传动员，大众媒体的关注点也进行了转移，但是媒体关注热点的属性难以更改，持续跟进河湖治理的力度还不够大，宣传报道的深度还不足以影响更多的个体和组织参与。因此，普通群众的了解不足制约着他们的参与程度。

2. 服务调整：清水共筑为依托，三位一体共协同

为了回应治水知晓率和积极性双向提升的需求，广州市以"知水""治水""乐水"体系为重要抓手，以公众为服务对象，从提升能力、拓宽渠道和增强意愿三个方面为公众参与治水的全过程提供支持，并依托数据的互动和支撑，全面促进主体协同，有效提升公众治水的参与度和积极性。

（1）"知水"——精准科普治水知识，提升公众参与能力

由于缺乏直接有效的信息途径，社会公众对当前水环境治理的科学认知不甚清晰，对相关公众参与渠道的了解也并不深入。就受访数据分析结果来看，68.3%的受访者对水质的判断存在误差，表明公众的治水知识专业性有待进一步提升；以"'开门治水，人人参与'的使命感"为动力参与治水的公众仅占27.9%，可见治水文化在公众心中根基较浅，治水意识薄弱。

为了科普治水知识、传播治水文化，广州市以"共筑清水梦"IP为

起点（见图5-32），打造各类治水品牌活动，积极开展线上线下联动宣传，坚守新媒体网络和公共社区两大宣传阵地，向公众输出优质内容，有效培养了公众的治水意识，提升了全民治水的知晓率。

图5-32 "共筑清水梦"IP

在新媒体网络阵地，河长办依托"共筑清水梦"数字平台，通过"共筑清水梦"微信小程序公开河湖管理工作培训课程视频，邀请各方面的治水专家共同开展线上治水科普教育，通过"共筑清水梦"微信公众号不定期推出学习日小课堂推文，公众只需要点开微信，即可随时随地获取治水专业知识，方便又快捷。

然而，还有许多像潼潼这样的"非专业户"可能无法理解"深奥"的理论，为了帮助这部分群体增强治水意识、提升知水能力，广州市积极通过线上媒体投放治水公益广告以开展主题宣传，但河长办还希望以更加有趣的方式推动治水理念的广泛传播。

2017年，河长办打造"波波河长"的主人公形象，推出了第一册河长漫画，以生动活泼的形式将广州市近年来的治水成效和治水思路融于漫画中，让公众在漫画中了解治水、学习治水；同时，还打造微信"波波河长表情包"，通过表情包推动治水文化融入公众生活，使公众在微信交流等日常场景下也能聊起治水，让河长制理念更深入、更广泛地传播，不断增强公众知水能力和综合素质（见图5-33）。

数据要素 × 城市治理
——解码广州治水的数"治"实践

图 5-33　河长系列漫画《共筑清水梦》及河长表情包

在公共社区阵地，广州市日益重视发挥第三方力量在水环境治理中的资源优势，积极主动吸纳治水非政府组织、志愿服务组织、高校专业团队以及中小学科普团队等基层力量作为面向公众的宣传平台与窗口，倡导公众深度参与广州治水进程。

广州市借助治水非政府组织力量，积极培育民间河长领袖，并组织党员认领河湖，壮大基层高素质护水队伍。一方面，民间河长能够通过参与听证会、官方民间河长交流会等方式，了解最新河湖治理模式与成效，深度参与河湖治理决策（见图5-34）；另一方面，民间河长能够帮助公众依法获取水环境治理信息，协助引导公众形成维护美丽河湖的行动自觉。

广州市还借助志愿服务组织力量，深入社区、课堂，与居民、中小学生接触，为市民学习河湖保护知识、接受治水技能培训，以及实地调研河湖治理提供平台支持。例如，民间河长宋辉（化名）和他的志愿服务队就积极发挥在地优势，引导社区居民关心身边河涌的水体情况，发动居民参与治水活动。"环境保护不单单是政府的事情，也是居民的责任，所以我们也开展很多街头宣传、进学校、进社区的科普活动……我们的活动就是一个桥梁，通过我们向居民传达政府信息。"宋辉如是说。

图5-34　广州民间河长交流会

（2）"治水"——双重激励鼓励参与，多元活动拓宽渠道

公众知水是远远不够的，如何推动公众将理论知识转化为实践行动成为广州市河长办的工作重心。当前，公众治水参与激励不足，参与体验不好，个体参与力量有限，无法有效激发引导社会参与热情。因此，广州市尝试通过物质精神奖励，多样化公众参与渠道以及培育民间河长队伍，三管齐下形成对公众的正向引导，在公众积极参与的基础上实现常态化治水。

坚持群众路线，鼓励公众参与治水，需要通过物质奖励和精神奖励，切实提升公众参与感、获得感和幸福感，塑造"让城市与河流共荣"的理念。

物质激励上，广州市充分开展"违法排水行为有奖举报"活动，利用"广州水务""共筑清水梦"微信平台每月定期发布宣传推文，精准投放广州违法排水有奖举报公益广告视频和宣传推文（见图5-35）。违法排水举报宣传落地后，市民能够通过实时投诉渠道反馈地方违法排水信息，河湖主管部门则根据举报问题情况发放不同金额红包，同时对于每月投诉积分排名前10名的市民，还将给予额外的月度红包奖励。

精神激励上，广州市对积极参与"全民治水"工作的市民颁发荣誉证书和文创周边，并在"共筑清水梦"微信公众号上公开表彰（见图5-36），号召更多市民参与水环境治理。"共筑清水梦"微信小程序则推出互动积分奖励，完成项目打卡即可获得对应积分，积攒一定积分即可兑换奖品并获得荣誉称号，以鼓励用户参与线上治水。

图5-35 "广州市违法排水行为有奖举报"宣传推文

图 5-36 "共筑清水梦"微信公众号对市民表彰的推文

优化公众参与体验，创新公众参与方式，是坚持以人民为中心导向，提高治水效能，形成共建共治共享的全民治水模式的必由之路。为解决公众投诉无门、参与困难的问题，广州市充分发挥线上线下联动优势，建立起多样化公众参与渠道。公众既可以选择微博、微信公众号/小程序、政府门户网站等线上渠道参与治水投诉和反馈，也可以通过参与座谈会、听证会等线下渠道表达治水诉求，还可以借助志愿活动等线下渠道投身治水实践。

例如，广州各区团委组织发动了涌边志愿驿站和社区志愿服务队，以"线下组织+线上发动"的方式，定期在"i志愿"平台发布系列志愿治水活动，公众在"i志愿"报名即可成为"河小青"，参与到治水活动中，有助于推动公众将理论知识转化为实践行动。

民间组织也是公众参与治水的重要渠道与桥梁。河长办注重与民间组织的协同合作，为各民间治水组织提供培训、人力、物资等多种帮助，发挥各自优势。

例如，近年来，广州市借助大学城高校集聚优势，推动建立高校治水联盟，持续推动河湖保护研究及科普。通过这一平台，高校师生能够利用自身专业特性形成研究报告，为政府部门提交河湖保护和黑臭水体治理相关意见建议，将所学知识运用到实际河湖治理中。

民间河长队伍的培育是广州市河湖治理的亮点所在。一方面，通过官方民间河长座谈会等方式，公众和政府的沟通互动进一步畅通，并向政社联动治水的目标迈出了坚实一步；另一方面，注重引导普通民众亲身体验"河长"身份，通过线上平台，公众可以在线巡河、记录巡河轨迹、上报问题等，还可以通过建言献策模块与市河长办实时互动和沟通交流。通过全民巡河的沉浸式河长制体验，公众进一步认识河长制、参与河长制工作。

民间河长张萱（化名），同时也是潼潼所在学校的校长，意识到巡河活动的带动力量，于是创新性提出亲子巡河活动。自2019年2月起，张萱通过《致家长的一封信》，发动四至六年级的学生及家长开展假期亲子巡河活动，通过"小手拉大手"日常巡河等活动，带动1200多个家庭一起守护母亲河，形成了上千份亲子巡河记录。与孩子一起巡河调研的活动，也勾起很多父母长辈对记忆中河流的印象，为孩子讲述了更多的河流故事。全民治水不能只有单个群体的力量，亲子巡河活动影响并带动了更多的家庭群体关注水资源保护、水环境治理。

（3）"乐水"——线上线下寓教于乐，趣味创新增强意愿

治水效果的维持需要公众的长期参与，而长期参与需要公众有足够

的动力。根据问卷调查数据，公民参与治水动力不足的根本原因在于治水的吸引力不足，若治水行动能够吸引公众，将提升公众参与的意愿与主动性，提升他们的兴趣，增强他们的使命感。为增强治水行动的吸引力，广州市河长办为治水活动引入乐趣，寓教于乐，通过趣味互动激发公众持续参与的兴趣，在乐趣中感受治水的魅力。

"共筑清水梦"微信小程序"全民乐水"板块的"点亮河湖"与"悬赏巡河"、"答题挑战"是广州市河长办创新推出的线上趣味活动（见图5-37），旨在为公众提供线上游玩平台，使其融入水文化沉浸式体验。

潼潼是"点亮河湖"游戏的忠实玩家，每到一条河湖附近，便会登录小程序进行打卡，她说："巡河打卡活动可好玩啦，还可以集齐积分兑换礼品，打卡记录让我很感到自豪，让我意识到原来我已经走过了这么多条河流。"

"共筑清水梦"微信小程序的用户通过轻松、趣味的游戏方式感受着治水的乐趣，还能获得积分奖励。通过使用积分，用户既能获得精美礼品、景点门票等物质实惠，又可以获得"打卡达人"等荣誉称号。一系列充满趣味性的治水活动以"玩中学"的方式提升了公众参与度。

图5-37 "共筑清水梦"微信小程序游戏项目

除线上体验之外，还举办了一系列线下趣味活动，活动形式可谓丰富多样。一是趣味比赛，如最美河湖摄影大赛、"科普大擂台"竞赛等。潼潼就与同学们一起参加过"寻找最美河湖"短视频大赛，他们走巡多条河湖，并邀请民间河长和志愿者们参与其中，视频中清澈的河湖、学习治水的人们展现出温馨的治水氛围，更是打动了无数人，从视频中获得的满满成就感让潼潼与同学们乐在其中。

二是趣味体验活动，广州市开展了如海珠湿地寻宝活动、"河小青"捡摊、无人机巡河等沉浸式体验活动，以及龙舟文化馆参观、海珠涌走读水文化等治水文化体验活动，这些活动使公众在体验到乐趣的同时，身临其境地感受水文化的熏陶。

三是群体特色活动，即为不同的受众群体"量身定做"特色活动，如面向青少年开放的"童心护花城、共筑清水梦"东濠涌巡河活动、为外来务工人员子女举办的"乐童行"公益夏令营等。公众可以根据自身需求选择对应特色活动，参与到治理过程中。通过把每个人都纳入治理过程，发掘不同主体的参与潜能，促进不同主体的全面、多维、深层参与。

此外，围绕"共筑清水梦"品牌，广州市河长办还设计了书包、雨伞、水杯等文创产品并面向公众派发，精美的产品不仅让民众了解到河长制，也激发了他们的治水热情。

3. 共识形成：共筑清水记于心，多元协同齐参与

通过"知水""治水""乐水"三个方向相互促进，构建多元主体协同参与平台，实现科普教育、志愿服务、趣味互动三位一体，积极吸纳社会"能量"，营造共建共治共享的治水文化氛围。

在"知水"方面，通过加大宣传力度，进行理论式科普，提高各参与渠道的知晓率与普及率，增强民众治水的"主人翁"意识与本领，为河长制提供"推力"。漫画与表情包等趣味性科普形式打破了专业知识壁垒，对于河长而言，它将枯燥的公文解读后加以形象包装，成为河长履职的傍身利器；对于公众而言，它将专业知识通俗化、图像化，成为公众及志愿者践行爱河护水理念、投身环保公益的工具书。大量线下互动科普活动借助融媒体宣传，形成示范引领效应，引发社会广泛关注，极大地调动了社会各主体参与水环境治理的自觉性。

在"治水"方面，通过线上线下双重驱动，并结合物质精神激励手段，调动民众参与实践，发挥不同主体的参与潜能，实现治水常态化，为河长制提供"动力"。广州市引入志愿服务属性的民间河长，公众和水环境通过民间河长这一桥梁而增强关联，公众、志愿者等多元主体也得以深度参与水环境治理决策。同时，"悬赏巡河""点亮河湖"等一系列治水活动更是有力提升了公众对公益巡河的认可度和接受度，将普通民众、民间河长、民间志愿者组织、学生等不同主体的公众联合起来，发挥各自的主体优势，共同参与治水。

在"乐水"方面，以公众喜闻乐见的方式不断创新活动形式，将乐趣带入治水过程中，实现趣味、参与感、成就感的结合，吸引更多民众参与治水活动，有效提高民众参与治水的主动性和积极性，为河长制提供"拉力"。各种趣味性治水活动实现了广州水文化内涵的塑造，不仅引导民众走近自然，亲身感受广州治水成效，还能使民众获得精神上的满足感和荣誉感，从而吸引公众参与到治水的共同行动中，提升协同治水的意愿。

民间河长高河长对广州市"共筑清水梦"微信平台"知水""治水""乐水"的优势高度评价："据我了解，其他地区没有这么丰富的小程序去支持全民治水或者是巡河志愿者、民间河长的，一方面没有培训，另一方面没有互动，最关键的是巡河没有记录，没有一个鼓励……比如'悬赏巡河''点亮河湖'这些板块，其实是很有特色的，可以将巡河志愿者的行动很好地反映出来，做一个很好的互动……这是其他城市没有的，反倒是我们巡河队伍一个很好的工具。"

"知水""治水""乐水"的全过程均紧紧围绕"共筑清水梦"IP，这一IP将治水理念内化于心，提到"共筑清水梦"就能知道这是治水，增强"共筑清水梦"品牌向心力，使公众形成了"共筑清水梦"的治水共识，构筑起协同力量参与治水。

4. 成效凸显：民间河长力量强，公众参与广而深

在专业培训和实践历练下，一批批民间河长涌现，民间河长力量不断增强。

潼潼与她的同学们是第一批正式聘任的民间河长。从2017年至2018年，这些民间小河长如同刚破土而出的小嫩芽，初次迈入治水领域，但治水知识与治水能力尚不强大。而广州市河长办的工作人员如同辛勤的园丁，带领小河长们参观污水厂，开展课程对小河长们进行专业培训。在培训中，他们的知识储备不断增加，履职能力和协同能力不断增强。

慢慢地，小嫩芽长成了小树苗，潼潼等民间小河长不断意识到自身肩负的责任。从2018年至2020年，在校长和老师的指导下，他们逐步开展了如生态文明课堂、每周巡河、河岸生态复绿等互动实践活动，在广州黑臭水体攻坚阶段不断贡献自己的力量；从2021年至2022年，小河长们积极响应广州市通过全民治水实现防止返黑返臭，落实长制久清的治水思路，积极参与"共筑清水梦"微信小程序的趣味互动板块、通过多个投诉渠道反映河湖问题。

积极参与治水的小河长们经过5年多的成长，已然成为广州一道亮丽的风景。而在这5年里，他们也积极参与广州治水宣传工作，不遗余力地带动更多的市民参与治水，在"小河长参观大坦沙污水处理厂"活动、"2021年世界水周广州主会场"活动、"2022年广州节水宣传"活动中都能看见他们的身影。一个个迎风招展的小身影正在努力影响着、带动着身边的每一个人参与治水，民间河长的队伍不断发展壮大。

对于公众而言，其参与度也在不断提升。在参与广度上，参与的公众数量不断增多，且参与群体日渐多样。同时，参与活动日益丰富，例如，广州市河长办联合团市委共同发布了"一起来巡河，共筑清水梦"志愿活动，共发布11条"河小青"志愿巡河路线、铺开120场"河小青"志愿巡河活动，公众全面参与到涉及多条巡河路线的多场巡河活动中。在参与深度上，公众参与治水不再是走马观花的形式主义或完成任务式的应付主义，而是真真切切地参与到治水行动中，通过技术牵引发现河湖问题并反

映给河长系统,实现与河长办的协同共治。

(四)韧性提升:"开门治水,人人参与"协同理念得以践行

1. 有效参与:公众参与能力和意愿提升

在技术—服务的"协同三角"治理模式下,"共筑清水梦"微信小程序数字协同平台为公众提供了参与和反馈的渠道,"知水""治水""乐水"三位一体的服务模式使公众在提升治水知识储备的基础上,通过多种活动常态化、趣味化地参与治水行动。由此,公众参与的积极性提升,水环境得以显著改善。

从精准宣传成效来看,共计8万份广州水务公众号有奖举报海报在全市各区发放,最终实际张贴74264张。与此同时,广州违法排水有奖举报公益广告视频和宣传推文在全市新媒体平台精准投放达100万次,收到大量公众反馈。"共筑清水梦"微信公众号共推出330余篇推文,公众号关注人数2.8万人,公众号推文合计9.4万次浏览量,科普直播共收获15.8万人次浏览,科普视频共12.2万人观看。

良好的宣传反馈效果体现在市民日投诉量和申请奖励数量上。"广州治水投诉"微信公众号上线至今关注人数累计超1万人次,共受理市民投诉1.5万宗,办结率98.7%,累计发放红包4761个,红包金额共计3.7万元。尤其是对比全民治水推行以前的2017年,微信红包发放数量和金额呈高速上涨态势,展现出市民全面参与治水的良好势头,而市民日投诉量也月月攀升,多元激励下的公众参与热情得到充分激发(见图5-38、图5-39)。

而就违法排水举报成效来看,河湖主管部门共收集到举报线索9139宗,向各区交办线索9139宗,查获违法排水行为3769宗,申请奖励2342宗,发放奖金超过102万元,公众参与对于治水实践的突出贡献不断显现,水环境全民共治的协同势能也逐步彰显。

从市民参与热情来看,市河长办等以丰富多样、喜闻乐见的形式面向公众开展趣味的乐水活动,共计28万余人次参与,推出48条最美巡河路线,"共筑清水梦"微信小程序累计87万次使用量,面向市民派发5000余

份文创产品，市民治水热情不断提高。

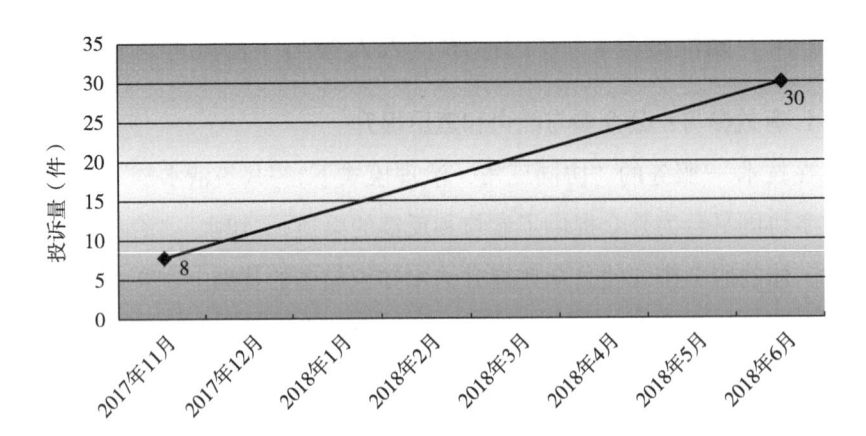

图5-38　市民日投诉量变化（2017年11月至2018年6月）

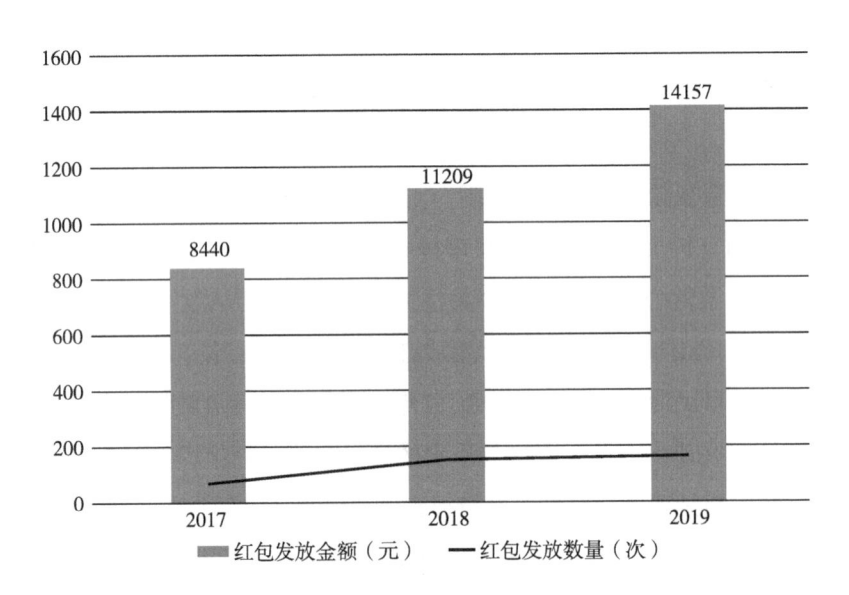

图5-39　排水违法行为微信举报红包发放情况（2017—2019年）

2. 稳定与适应：全民与水形成共融关系

在传统治水模式下，公众的参与往往是运动式的，即在某一次治水行动中参与进来，后续的治水活动则缺乏参与的身影。技术—服务的"协同三角"使公众从一次性参与转变为持续性的长期参与，这种长期参与意味着公众与水环境之间形成了有机互动关系和稳定关系。

公众愿意持续性参与治水，原因之一在于技术—服务的双向联动使公众的治水效能感和体验感得到提升。"成为小河长，让你印象最深的是什么？"这个问题打开了民间小河长们的话匣子。"我成为小河长是因为曾在电视看见小河长的报道，觉得这个身份特别厉害。""我家以前就住在河边上，以前家里是不能开窗的，现在我们每天都能听到鸟叫声。""成为小河长让我认识了更多志同道合的朋友。"……每一位参与到治水过程中的河长都收获了满满的成就感和参与感，他们为广州市每一条河流的长制久清，贡献着自己的力量。

公众与水环境形成了"你中有我，我中有你"的稳定关系，公众参与黏性不断增强。当问及普通民众"全民治水给你带来了什么改变"，一位居民谈道："以前不愿靠近河边，现在水环境变好了以后，平时吃完饭喜欢到河边散步，看到有问题也会拍下来，点开微信帮忙举报上去。"优美的河湖环境是人们享受品质生活不可或缺的一部分，水环境改善，人民幸福感也会得到提升。广州市政府与民众的齐发力展现出"美丽河湖"的画卷，既给人们带来幸福感和获得感，也增强了人们的责任感和使命感。

与此同时，治水环境是复杂的，水况、治水要求、城市发展处在不断变化的过程中，公众与水形成稳定关系的同时，还需要不断认知水环境的变化，适应新的治水需求，提升对水环境的动态适应性。潼潼根据自己参与治理多条河流的亲身体验谈道："最开始治水的时候，河流可脏了，我们要想办法让它变干净；而现在的河流基本很干净了，我们就需要让它一直保持干净清澈。"这是潼潼对治水初期和当前治水要求的感知，治水的目标从处置转为预防，呼应了时代下产生的新的治水理念。

3. 高效联动：全民与部门构筑协同关系

河长制的长效运行，重在发展的全面与可持续，广州市通过倡导全民治水，充分实现了治水、治产和治城的有机融合，满足了生态文明建设的使命追求。自全民治水倡议深入实施以来，广州市公众参与、社会监督、政府履职的共建共治共享社会治水机制逐渐生成。"开门治水，人人参与"

的理念得到不断践行，政民合力治水的大好局面正式打开。

全民治水的"全民"意味着不仅需要纳入民间河长，还需要公众群体及政府各部门，实现所有主体的广泛参与，这便对各主体的联动协同提出了要求。技术—服务的"协同三角"将公众、政府、社会各界置于一个任务团体，围绕共同的目标，实现内外部的协同合作。

在全民与政府部门之间，"协同三角"模式通过制度设计让民间河长和河长办形成稳定关系，形成二者的有机协同互动。同时，河长办通过"点亮河湖""悬赏巡河"等活动设计调动公众的兴趣，使其基于兴趣参与到活动中。由此一来，公众变成了政府的"千里眼"，能够弥补政府部门巡河人力不足的问题，公众发现问题反馈到河长办，河长办采取相应的措施进行整治，从而实现了公众发现问题、政府处理问题的联动机制，促进了政府与外部的协同。

在政府及社会各组织之间，河长办积极聚合各部门意愿，寻求与科协、团市委、高校的合作，通过聚焦具体任务，形成任务团体，发挥各种资源优势，实现双方合作共赢。此外，调动各组织形成任务团体，还能促进个体创新、激发组织活力，如汇龙小学以学校为依托、将治水与小学校园的特点相结合，创新性地推出了亲子巡河模式，从而调动了更广泛主体的参与。政府及社会各组织依托各自的优势资源，能够聚合相同的目标和意愿，通过合作实现共赢，促进了政府内部各部门以及政府与外部组织的协同。

公众、政府各部门、社会各组织通过形成任务团体进行协同合作，降低了治理成本，增强了参与力量，从而使治水更加高效。

第六章 广州治水的数字反思

导语

在数据时代,"围绕数据的治理"向"依托数据的治理"阶段不断演化,数据治理效能的发挥需要技术、管理和服务三个维度的共同作用。对于广州数据赋能治水实践的反思,应从以下四个方面展开。

首先要反思技术,打破"技术迷思",重视技术与治理的适配性,技术嵌入社会治理要适应治理场景的多样性和治理需求的变化。在数据治理中,要重视数据的核心作用,充分挖掘海量数据资源的各种潜能,实现数据价值的最大化;要充分考虑场景需求和用户需求,积极围绕需求改善治理,使数据、技术和场景合力驱动数据治理的效能。

其次要反思服务,在传统科层制中,层级部门的强监管带来治理协同的困境,在数据时代,要破除科层强监管,走向服务深协同,建立起扁平化、去中心化的高效协同模式,实现管理与服务的有效衔接。面对基层治理者,通过协同模式的优化和数据资源的广泛赋能,进一步调动其参与积极性和参与能力,提高服务自驱力。

再次要反思治理,数据治理是一项系统性工程,要先有制度赋权,后有数据赋能,不断建构完整的政务数据管理服务体制机制,构建适应数字化、智能化、信息化的组织架构体系,支撑数据技术发挥更大的治理效能。除此之外,面对治理场景和治理需求的不断变化,数据治理技术也要回应需求,"点对点、渐进式"的迭代升级,保证治理的稳定性和有效性;数据驱动治理的模式也要逐渐从"事后补救型"转变为"事前预防型",

弥补传统公共决策经验性和滞后性的短板，塑造具有前瞻性的政府，实现数据时代的韧性治理。

最后要反思数据治理路径，在数据治理中，要坚持需求导向，从需求端引导技术开发和使用，融合技术治理和管理服务两条路径，形成技术治理支撑管理服务，管理服务反向赋能技术提升的融合互动模式，使数据治理兼具效率和公共责任。数据治理需要完善的组织准备和制度保障，要构建适配数据和技术运行的组织架构与制度体系，充分激发数据赋能治理的潜能。

在本章中，通过对技术、服务、治理以及数据治理路径的反思，探索何以真正盘活公共治理中数据应用的效能，结合广州市有效融合技术治理和管理服务，充分激发数据赋能效果的治水实践，将理论与案例结合，深度反思，为破解数据时代的治理之道提供宝贵的经验借鉴。

第六章
广州治水的数字反思

一、技术反思

技术作为国家刚性制度结构与柔性治理手段之间的调适性工具，在日益复杂的治理环境中发挥着不可替代的作用。任何追求政府能力与效能显著提升的努力，都需要依赖一定的技术或工具实现。当前，技术的泛在化已逐步将组织和社会带入了一个全新的社会形态，技术化社会已然来临，人类的生活开始无法逆转地被嵌入与自然环境、社会环境与经济环境并列的"技术环境"中。[①]

近年来，伴随治理理念的转变和治理手段的创新，我国的治理格局出现结构性的调整，长期以来围绕经济任务进行府际竞争的格局逐步淡化，形成了围绕治理优化与服务创新的新型竞争格局，然而这种模式的转换致使基层治理格局更趋复杂、治理任务更加艰巨，对治理效能的要求也更高。与此同时，学术界关于这种深层次的结构调整所带来的基层治理格局的调整及其带来的种种后果也多有关注，由此引发了一系列新的关于制度性治理理念、治理政策与治理工具的讨论。

进入21世纪以来，以大数据、物联网为代表的"第四次工业革命"席卷全球，不仅深刻改变了人们的生活秩序，也深度改变了政治经济社会领域的结构和决策过程，数据、技术驱动的决策方法正在逐步嵌入治理。如何运用信息技术对社会资源、政治资源等资源进行制度性控制、调配和使用，从而使模糊、复杂的社会治理互动操作化为更加清晰的"图谱"，是现代治理优化的核心问题。深度利用信息技术提升治理效能成为当前深度推进社会治理的基本趋势。

在此背景下，技术治理已然成为全球范围的公共治理现象。治理技术的不断更迭也为技术治理的拓展提供了更为强大的工具。然而，新兴技术

[①] 韩志明. 技术治理的四重幻象：城市治理中的信息技术及其反思 [J]. 探索与争鸣，2019（6）：48–58，157，161.

的发展往往具有超前性、不确定性及不可控性,致使"智慧治理"存在滑向"技术利维坦"的潜在风险。[①] 现代技术的引入在一定程度上改变了传统的科层组织结构,但并不一定能促使公共部门提升治理效能。相反,若无法正确认识和使用技术,技术的应用很有可能会进一步加剧社会风险,增加社会治理难度,出现技术治理悖论。

(一) 打破"技术迷思",重视技术与治理的适配性

理解技术治理,首先要打破"技术迷思"。实际上,技术自身的发展水平与治理场景的多样化决定了技术治理存在一定限度。"技术治理"这一概念的"被使用"远胜于"被理解",然而技术的外延不仅包括实体意义上的"硬"工具,还包括社会意义上的"软"工具,即技术能有效地嵌入社会治理。实践中的治理技术并非完全意味着工具主义,而是为了人类、面向社会的技术。面对智能社会带来的种种风险,技术决定论只会将人们困在统一化的理想和碎片化的现实之间。

于基层治理而言,治理技术的非中立、价值有涉的特性,使柔性的治理技术和刚性的治理结构相结合产生的影响具有不可预知性[②]:一方面,基层组织采取何种治理技术,受业务场景及特点、治理主体及治理目标等因素的约束;另一方面,治理技术与其作用的组织场域的适配性及其运行机制都无法预测,因此治理结果存在极大的不确定性。面向治理目标,政府更需要全面深入反思技术与场景以及业务发展水平的适配性问题,选择相对匹配的治理技术,用更为积极的行动破解基层治理困境。

治理目标、内容和技术之间存在的复杂匹配关系需要得到政府的重视。实践证明,无论是哪一类型的业务,都有其特殊的环境系统,政府应当根据其资源、结构、特点及使命有针对地采用相应的治理技术,从而实

[①] 王小芳,王磊."技术利维坦":人工智能嵌入社会治理的潜在风险与政府应对[J]. 电子政务,2019(5):86-93.

[②] 吴旭红,章昌平,何瑞. 技术治理的技术:实践、类型及其适配逻辑:基于南京市社区治理的多案例研究[J]. 公共管理学报,2022(19).

现治理目标。在此过程中，由于成本、资源的约束，治理手段的灵活性不足以及路径依赖的惯性，基层场域中的"技术"与"组织结构""社会"等主体之间往往会产生张力与博弈，需要治理主体及时调整方向与路径。

同时，治理技术本身并没有优劣之分，但不同类型的治理技术有其特定的关系结构和运作逻辑，而特定的治理技术与治理场域的良性互动需要遵循一定的适配逻辑，以突破技术与制度规则之间的异步困境。[1]广州治水前期并未追求高端酷炫的技术，而是以实用、好用、管用为落脚点开发信息系统平台，而后才根据实践过程中暴露出来的新问题与新需求逐步迭代升级技术体系，建立起技术与治理目标相匹配的长效治理机制。

特定的治理技术适配何种治理场域需要遵循一定的适配规则，规则的核心是治理技术的使用限度和边界，规则的掌握既取决于技术本身，更取决于治理场景的多样性与治理需求的变化。[2]从这一维度来看，基层党组织采用何种治理技术应因地制宜，根据不同技术类型发挥作用的场域的不同，匹配既符合社区治理的客观规律和国家对于基层治理的基本要求，又能实现基层治理的价值诉求与治理秩序的技术类型。

（二）数据治理的三重驱动：数据、算法与场景需求

在迈向数据时代的今天，政府的治理理念与行为模式也应随之转变。数字时代的城市智慧治理应当更重视数据治理，形成"用数据说话、用数据管理、用数据决策、用数据创新"的基层智慧治理体系。例如，广州市数据赋能河长制的治水实践，将各类相关数据进行系统化的收集与管理，并根据业务过程中的具体治理需求，使用匹配的算法模型对已有数据进行分析，为治理决策与河长履职提供基于数据技术层面的科学支撑，回应了国家治理体系与治理能力现代化的时代要求。

---

[1] 丁宁，罗梁波. 国家的高地、社会的篱笆和社区的围墙：基于社区治理资源配置的一项学术史梳理[J]. 甘肃行政学院学报，2020（4）：92-127.

[2] 吴旭红，章昌平，何瑞. 技术治理的技术：实践、类型及其适配逻辑：基于南京市社区治理的多案例研究[J]. 公共管理学报，2022（19）.

数据治理首先要重视数据在治理中的重要作用。在数字化浪潮中，数据已然成为继土地、劳动力、资本和技术之后的另一大生产要素。数据既是信息，蕴含着巨大的发展价值，也是组织资源与组织资产，能够通过汇聚、存储、管理及分析实现对组织的赋能。政府应重视数据的收集以及信息的生产、处理与应用能力，充分发挥数据的生产力、创造力和服务力，解决城市发展和治理中的突出问题，实现城市治理的高效化和人性化。同时可借助数据实现政府治理模式从模糊治理到精准治理、从分离治理到连接治理、从分域治理到整合治理的转变。[①]

数据是算法运行的宝贵资产和持续优化的源泉，算法是海量数据挖掘和分析的有力工具。随着云计算、深度学习等技术的迅速发展，算法决策已被广泛应用于行政执法、社会征信、商业竞争等领域。和传统的政府治理模式相比，政府运用算法挖掘数据价值，发挥算法决策中立性、高效性、精准性与预测性的优势，[②]既能避免传统政府治理模式下行政裁量的偏向性问题，又能为基层政府明晰相应的治理目标，使基层治理行为更加科学化且高效化，做到因地制宜、精准治理，提升政府治理效率，从而全面提升政府治理能力。

发起数据治理，提升治理能力与成效要充分考虑场景需要和用户需求。以场景需求为中心的治理技术，着眼点是各种各样的业务场景与业务需求，面对社会治理的场景多样性和问题复杂性，政府需要转变为需求引导式的治理模式，以治理层面的具体场景和问题驱动技术的迭代升级，进而突破现有的唯技术困境。[③]使数据、技术和场景形成三重合力，紧紧围绕场景中多方主体的需求与体验改进治理流程，提高治理效能。

[①] 陈水生. 迈向数字时代的城市智慧治理：内在理路与转型路径［J］. 上海行政学院学报, 2021, 22（5）：48–57.

[②] 王文玉. 算法嵌入政府治理的优势、挑战与法律规制［J］. 华中科技大学学报（社会科学版）, 2021, 35（4）：26–36.

[③] 韩志明. 治理技术及其运作逻辑：理解国家治理的技术维度［J］. 社会科学, 2020（10）：32–42.

二、服务反思

（一）破除科层强监管，走向服务深协同

在传统科层制中，自上而下的监督管理是上级部门约束基层治理行为者的主要模式，在这样一种单向管理中，治理面临着三重困境。

首先是治理的悬浮。管理和控制权更多配置给上级部门，而基层治理者缺乏处理和解决问题的能力；致使"上有政策、下有对策"，政策执行往往扭曲变形；此外上下级信息沟通渠道不够畅通，互动相对有限，基层治理者难以根据治理场景进行适应性调整。

其次是基层压力的剧增。上级压力自上而下的传导，致使基层治理者工作压力大、难度高、时间紧，且治理任务的变化性极强。在高强度的压力下，基层工作者难以有时间、精力和激情投入公共服务和治理创新。同时基层干部自身能力往往疲弱，缺乏必要治理工具的辅助，面对层层下压的各项任务和指标，常常"忙上忙下干不好"，在上级治理创新和新需求中会表现出明显的不适应，在工作焦虑的同时容易产生职业倦怠进而陷入疲态治理的恶性困境。

最后是不同层级、部门与人员间的协同不力，科层治理具有与生俱来的内部协调困境，组织内部劳动不断分工和专业化，任务被分割成多个不同的组成部分，层级、部门和人员间功能趋于分化，有些特定的岗位为特定任务而创设。不同组成部分有着各自独特的利益驱动或者行为逻辑，导致组织产生碎片化的内生性弊端，难以形成治理的合力。因此，单向的控制思维已无法适应日益复杂多元的治理场景。

因而，在当前的治理中，转换单向控制的治理思维，推动治理结构的扁平化和协同化已变得十分必要。在数据治理时代中，数字技术不断嵌入社会治理，有利于破除科层化、离散化的治理结构，促进部门协同、流

程再造、信息共享，从而大大提升治理效率。其中，"单中心治理"模式逐渐被"多中心治理"模式所取代，层级间的控制管理关系相对弱化，平等合作的关系不断强化，各治理主体间以服务驱动协同，不断建立起扁平化、去中心化的高效协同模式，实现信息的畅通传递和资源的有效分配，提高治理的针对性和精细度。

在数字技术和数字化平台的支撑下，公共治理能够逐步打破时空限制、层级壁垒和信息障碍，赋能各主体拓展信息来源，在不同地域、不同时间实现协同治理。在广州治水实践中，市水务局推动管理服务流程重塑，基于统一的数字化平台，推动数据资源的共享利用，进而不断推动信息传递的扁平化，任务分配的个性化和层级间沟通的有效化，增强了层级部门间的协同信任和协同能力，实现管理和服务的有效衔接，以强监管、广支撑和全参与充分激发广州治水的效能。

（二）调动参与积极性，提高服务自驱力

在公共治理和公共服务中，直接面向群众的基层治理者的工作积极性在很大程度上影响着治理效能的实现，积极的治理行为有助于带来更高的治理成效。在单中心的科层治理中，基层作为上级任务的承担者，在完成上级下达的各项指标和考核任务上存在着"强压力"和"弱动力"并存的情况。一方面，层层加码的任务和上级手中刚性的"一票否决权"致使基层治理者在日常治理中承担着巨大的行政压力；另一方面，繁重的任务致使基层疲于应付，并侵蚀了基层治理者的行动空间，削弱了基层治理者的参与积极性和工作自驱力，继而影响工作实效。

因此，对于基层治理者而言，破除科层制的僵化层级关系和压力型体制的刚性压力，拓展治理参与空间，建构基层工作者治理服务的价值层面，对于其提高治理积极性，增强服务自驱力，提高治理效能具有关键作用。在数据治理时代，海量数据资源的广泛利用，对于基层工作者具有三大赋能：一是任务的迅速感知，依靠数据分析研判和平台的快速分发，基层工作者可以迅速感知自身管理范围内的新态势和新任务，进而快速进行

工作调整和任务转战，高效解决治理问题。二是手段的灵活调整，传统任务分配模式往往对执行的模式和手段限制较为严格，例如在治水中要求定期完成巡河任务，上报巡河信息。而依靠大数据技术的辅助，基层工作者可依据实时更新的数据和分析研判的结果动态调整业务目标和工作方式，将有限的治理资源用在刀刃上。三是意愿的有效调动，数据赋能减少了基层工作者大量的形式工作，工作负担大大降低，参与实际治理的时间精力得以提升，同时其履职实效更容易被评估，履职成果可以得到及时激励，履职短板得以及时发现修正，极大调动了基层工作者的治理意愿和治理积极性。

在广州治水实践中，基于统一数字化平台，通过治水数据的统一汇聚和分析应用，业务数据被转化为富有价值的治理决策指导和风险预警信号，为基层执行者提供服务，帮助其提高业务执行的效率和质量，实现业务服务化。管理与服务相结合，既提升了基层执行者的执行意愿，也便利了管理层的监督管理，有效降低了沟通成本，提升了跨层级间的协同效率。

三、治理反思

（一）重视数据与数据价值

海量、多样、高速、价值、真实——大数据对传统数据的超越不仅在于量的增扩，更在于其质的飞跃。它不仅是一种数据资源和分析技术，还推动了实践创新，作为人们获得新认知和创造新价值的源泉引导了思维的变革。此外，它深刻改变了政民互动关系，重塑着政府的治理理念、治理方法和治理秩序。

我国政府高度重视大数据发展，早在《"十二五"国家战略性新兴产业发展规划》中，就将"智能海量数据处理相关软件研发和产业化"列为重点发展技术方向之一。2015年，我国出台国家大数据战略，推进数字中国建设。党的十九届四中全会审议通过《中共中央关于坚持和完善中国特色社会主义制度推进国家治理体系和治理能力现代化若干重大问题的决定》，指出"建立健全运用互联网、大数据、人工智能等技术手段进行行政管理的制度规则。推进数据政府建设，加强数据有序共享，依法保护个人信息"，为我国数字政府建设指明了方向。

数据在数字政府建设中不是独立的要素。为实现数据价值的效用最大化，数据价值的发挥应贯穿政府的业务全流程和公共服务的多个领域。在大数据的赋能下，各种现象、行为、感受、程度等被具体化、直观化，政府通过数据的准确、及时、有效采集，再经过清理、加工、提炼等一系列过程之后，初步得到对应业务场景的治理信息，实现信息提纯。[①]然而数据治理的要求并非仅停留在数据的生产、采集与分析阶段，对数据价值的重视应贯穿政府治理的全过程。

从纵向来看，政府需要不断革新技术手段以适应不同场景、不同业务流程的多样化要求，通过数据的有效挖掘与分析，为相关管理和决策提供依据，让数据反作用于管理；从横向来看，数据采集的触角深入方方面面，数据网络全面铺开、即时延展，数据经由信息平台源源不断地产生，数据价值无时无刻不服务于政府的治理目标，如广州在建设治水业务数据库时，并不局限于水治理方面的数据，而是延伸至城市规划数据、天气数据等，看似超出业务范围的数据收集行为却为广州治水实践后续精准分析水质变化原因、实现源头治理提供极大帮助。

政府不仅应该大力探索数据创新，让数据服务于教育、就业、社保、医药卫生、住房、交通等领域，也应让数据走出政府，在打通各部门数据壁垒的基础上实现与其他社会主体的数据共享，在扩大、夯实政府数据库基础、提升自身治理能力的同时也发挥数据的社会经济价值，实现多元主体共同助力智慧城市、智慧社会的建设。

---

① 季乃礼，兰金奕. 大数据思维下政府治理理念转变的机遇、风险及应对 [J]. 山东科技大学学报（社会科学版），2020，22（2）：84-92.

（二）组织赋权：有名有实

数据治理的关键在于"治理"，数据治理需要推动治理变革而非简单的管理优化。因此，数据治理必须跳脱出最基础的"对数据的治理"，迈向更高层次的"依托于数据的治理"。依托于数据的治理涉及诸多线条和模块，并与社会外界存在实时互动，是错综复杂的系统工程。要想构筑数字化、智能化、融合化机制和操作路径，建立业务高效化、治理精准化的新型政务运行模式，在关注技术工具的开发运用的同时，还必须从政府端口进行制度设计、协同改革及体系支持。

先有制度赋权，后有数据赋能。数据治理是一项系统性、耦合性工程：一方面，数据与技术的开发和应用需要遵循制度与规范逻辑，即政府业务部门必须回应和响应国家、省、市对数据治理的新部署与新要求，在合法合规的基础上开展数据治理；另一方面，数据治理阶段需要不断完善制度方案，在现有治理体系基础上为数字技术的使用打破组织壁垒、畅通赋能路径，让数据和技术能够在清晰、全面的顶层设计的指导下，有序、精准、高效地发挥其正向赋能作用。

在广州治水实践中，广州市在河长制起步阶段将工作重点放在建立体系架构、明确职责分工层面，满足河长制快速落地的基本诉求，极大便利了后续数据与技术手段的引入与赋能，实现管理效益的转化。因此，政府部门有必要加强对数据治理的总体规划和顶层设计，以制度手段细化落实任务书、时间表、路线图和责任状，建立起政务数据管理服务体制机制，构建适应数字化、智能化、信息化的组织架构体系，以此保障各业务部门的数字化建设。

优化组织环境，支撑数据实践。在制度赋权的基础上，良好的组织环境与适宜的组织体系对于数据治理的成效至关重要。良好的组织环境意味着组织内部对数据治理的重视和支持，包括高层领导对数据治理的认可、明确的数据治理目标以及工作人员对数据重要性的认知。在这样的环境中，组织成员会更积极地参与数据治理，推动数据治埋的落地。适宜的组织体系意味着组织内部建立起支持数据治理的结构和流程，即明确的权责分配、跨部门协作机制以及有效的信息共享渠道，避免了责任模糊和决策滞后的情况。

在广州治水实践中，在两方面经验值得借鉴。一方面，上级领导对以数据赋能治水高度支持，为数据治理提供了非常宽松的创新探索环境，使大量突破现有治理模式的数据化探索得以顺利进行；另一方面，在组织体系上，将数据系统的管理和业务服务纳入同一部门负责，将数据支撑和业务推进相统一，避免了技术和业务两张皮的问题，为广州治水的数字化转型提供了有效的组织支撑，促进数据治理效能的更好发挥。

数据与技术推动政府治理体系变革，从而进一步支撑数据技术的运用。信息技术的发展革新不仅为政府的数字化转型创造了新的机遇，还促进了政府理念创新、体系变革和职能优化。技术嵌入科层体系推动政府组织形态由刚性"官僚式结构"向具有弹性与流动性的柔性组织转变；数据共享机制的建立使其在应用层面实现并联审批和辅助决策，提升基层治理效率。

与此同时，利用信息流打破部门信息壁垒，形成无缝隙的流程管理链条；而在对外提供公共服务时，政府从"供给导向"走向"需求导向"，将场景需要纳入业务流程闭环。[①] 技术赋能路径推动政府部门在机构建设、治理体系、信息系统等层面同时发力，实现数据治理过程中政府治理范式的转型，从而以更为完善、更为优质的治理体系支撑数据技术发挥更大的治理效能。

（三）迭代：小步快跑，韧性持久

在数字时代，政府面临着机遇和风险两个方面的挑战。一方面，数字技术的快速发展为政府进行社会治理提供了多样的技术工具选择；另一方

---

① 孔祥利. 数据技术赋能城市基层治理的趋向、困境及其消解[J]. 中国行政管理，2022（10）：39–45.

面，数字时代背景下，数据、信息的高速流动与碰撞也带来了一系列新型治理问题，在对政府治理能力提出挑战的同时也驱动着政府构建融合技术应用、制度创新和能力迭代的新治理体系。没有任何技术和系统对治理的支撑能够一劳永逸，政府需要关注技术系统的持续性运营与适应性迭代，而不仅仅是技术系统的建设。在面对多样的技术选择和复杂的治理情景时，政府需要结合治理实际进行技术工具的选择应用和迭代优化，以发挥技术工具的治理实效。

政府进行数据治理往往需要经历"对数据的治理"、"围绕数据的治理"与"依托数据的治理"三个阶段，在不同的治理和发展阶段下，政府的治理需求与业务拓展要求不同，业务人员对于技术手段的接受与使用程度也不同。因此，在技术手段更迭时，需要围绕每一阶段特定的业务需求和工作人员履职能力进行"点对点、渐进式"的迭代升级。事实上，数据治理并不追求技术更迭的速度，而是要围绕治理需求的变化进行"小步快跑"的技术优化，以保证治理的回应性和有效性。同时，数据治理的目标也并非数据技术体系的不断完善，而是要实现具有抗风险能力和自适应力的韧性治理。只有这样，数据治理才能具备牢固的组织体系和长效机制，进而应对环境变化进行不断的适应性微调，确保治理的稳定性、长期性和持续性。

在广州治水实践中，技术系统的建设优化围绕治理主体的真切需要，截至目前，经历了"系统建设—业务支撑—智慧治水—安全保障"的优化路径，在此发展历程中，广州并未一味追求技术系统的迭代升级，而是根据国家、省、市的相关要求，根据广州治水态势和各级河长反馈，并结合本部门与当地的技术基础、组织基础与社会基础，逐步的调整和优化技术体系，最终形成了多元、实用、适用的河长系统，发挥出实履职、强监管、优服务、广支撑、全参与等治理实效，实现技术与治理，管理与服务的有效融合，在广州市治水情境中达至续航持久、稳定高效的韧性治理。

（四）预测：从治已病到防未病

在传统治理模式中，政府通常只在问题已经产生影响之后才进行干预，这种"事后补救"型回应模式往往会导致问题扩大化、复杂化，不利于高效解决社会问题。此外，政府在决策时受限于技术条件，常采用趋势外推、理论假设和经验判断等方法，决策的准确性受制于多重主客观因素，存在严重的假设拉动，[①]即政策结果与所使用的预设假设相关，导致政策局限性较强。

在数据治理阶段，政府依托各类信息系统与信息平台的建设，已经收集并储存了海量、多维、系统、全面的数据。与此同时，大数据已将人类思维从抽象思维向全量思维转变、从精确思维向效率思维转变，[②]从而驱动了政府决策的变化，即从全样本数据中提取有效、有用的数据，挖掘其相关关系，进而发现其中蕴藏的知识或规律，进行趋势预测。这种数据驱动的决策模式超越了传统的经验决策模式，以客观的数据进行分析判断，"用数据说话"，极大提升了政府决策判断的科学性和全面性。

在广州治水实践中，从低效的"无差别巡河"到高效的"差异化巡河"，广州河长办超越了传统的"一刀切"任务摊派和监管低效的问题，基于对水质监测数据与河长履职数据的统计分析，建立起河涌问题风险预警机制，将预警分析结果实时反馈至基层河长，有针对性地进行河长履职服务和监督，赋权河长灵活调整巡河频次，将有限的巡河资源用在刀刃上。既有效提升了河长履职效率，也减轻了基层河长负担，使形式履职真正走向内容履职、成效履职，充分激发河长履职实效，成为数据驱动治理改革的典型成功案例。

实际上，在数据驱动的背景下，政府决策已逐渐从"事后补救型"转

---

① 邓恩 W N. 公共政策分析导论［M］. 4版. 谢明，译. 北京：中国人民大学出版社，2011：1.

② 维克托·迈尔－舍恩伯格，肯尼思·库克耶. 大数据时代：生活、工作与思维的大变革［M］. 盛杨燕，周涛，译. 杭州：浙江人民出版社，2013：27-45.

变为"事前预防型",政府通过对数据的挖掘分析及时、有效地诊断现实问题,快速、精准地进行决策,并通过算法识别和趋势预判的方式发现更多潜在问题和隐性风险,推动社会治理"风险前移"并实现"预警式治理",既能弥补传统公共决策经验性和滞后性的短板,也能有效地节约资源,提高治理能力和治理效能,进而塑造具有前瞻性的政府,实现大数据时代的智慧治理。

(五)"人"与"数"结合:人治+数治——策略选择论

数字技术和数据驱动固然为政府治理理念更新、治理效率提升、治理模式重塑提供了创新路径,但也可能诱发政府治理理念的异化。政府在数据驱动的决策转型中,可能会出现"唯数据"的现象。事实上,数据的收集范围、时效性、处理方式、统计方式等的差异都会带来分析结果的差异,政府若完全依据数据进行辅助决策甚至替代决策,则容易忽视民众的真实诉求和潜在的多重风险。同时,数据分析的不透明性也大幅增加了监管的难度,容易使数据驱动决策成为政府避责的工具,以科学决策为名行庸政懒政之实。[1]

在大数据背景下,政府治理模式的转变风险与机遇并存,如何把握机遇,规避风险,将数字技术和数据真正转化为政府的治理效能,是当前公共治理数字化转型的当务之急。因而,在数据赋能治理的变革中,坚持人治与数治的有机统一,在数据驱动的同时充分发挥人的能动性,以数字技术和数据驱动有效辅助政府治理,是规避数据治理潜在风险,最大化数据价值效用的必要思路。

在广州治水实践中,河长制效能的发挥就充分依托"人"与"数"的结合,形成"内外业融合+风险预警模型"模式。在内外业融合中,内业团队通过收集问题河湖通报舆情和部门投诉数据,基于数据分析形成问题河湖水质风险清单,指导外业巡查队伍运作;而外业巡查队伍又将巡查结

---

[1] 季乃礼,兰金奕. 大数据思维下政府治理理念转变的机遇、风险及应对[J]. 山东科技大学学报(社会科学版),2020,22(2):84-92.

果反馈回内业部门，为内业部门优化数据分析精度提供思路，同时将这一数据资源整合到河湖水质风险预警模型之中，通过数据挖掘分析实现河湖水质检测、风险预警和河长履职辅助。这一模式实现"人"和"数"相互作用与反馈循环，将技术治理体系与管理服务体系有机融合，在充分释放数据价值的同时提升了河长履职的能力及意愿，建立起兼具适应性、有效性、稳定性和高效性的河长巡河履职机制。

政府治理要将科学的数据支撑与丰富的治理经验相结合，这要求治理主体既具备利用数据资源识别问题和辅助决策的能力，又具备理智对待数据分析结果的能力，防止陷入"唯技术"决策的窠臼。在将"数治"嵌入"人治"的过程中，要明确"人管数据"而非"数据管人"，工具理性对于现代管理不可或缺，但在工具理性之上，现代管理更应注重建构工具理性与价值理性交叉复现的治理体系，这就要求关注现代管理的内在价值和精神实质，通过"人治"赋予"数治"的灵活性、能动性与靶向性，规避技术治理可能带来的导向危机和价值危机。

四、路径反思

（一）应用导向：从需求端引导技术开发与应用

数据治理的基本目标是实践应用和解决问题。治理行为需要充分考虑治理场景需要并坚持问题导向。于基层治理而言，不同部门面临的治理场景、问题、挑战与目标各不相同，因此治理手段也应充分考虑与治理场景的适配性。然而，一些部门沉迷于"技术幻境"，将技术迭代更新作为数字化转型和治理效能提升的主要路径，而忽视了其所处的组织结构和治理情境[①]。

[①] 韩志明. 技术治理的四重幻象：城市治理中的信息技术及其反思[J]. 探索与争鸣，2019（6）：48-58，157，161.

这种单向寻求技术的升级优化往往与治理实践产生巨大的张力，导致"数字低效"和"技术增负"的困境。因此，技术的采纳应从实际治理场景出发，识别民生和业务需求，并根据需求的性质和类型构建出合理可行的解决方案，以此引导技术的开发升级与应用。

在广州市河长管理信息系统上线之初，由于河长事务繁杂，且郊区野外网络信号较差，往往出现河长巡河漏报和巡河轨迹上传失败的情况，致使河长履职数据出现巡河次数少、巡河率偏低的状况。为了解决这一问题，河长信息系统创新推出"多样化巡河"与"离线巡河"板块，减轻河长工作负担，清除河长巡河的客观技术障碍，使河长巡河次数、巡河率呈现阶梯递增。这种"需求牵引"型模式既能有效解决数字平台的浪费和利用率低的问题，也能在充分了解基层工作人员实际需求的基础上显著提高基层治理的成效。

与此同时，在缓解旧问题、回应既有需求的过程中，新问题与新需求也会接续涌现，这些问题和需求的反馈也会触发新一轮的数字化革新，促进技术手段的迭代升级，[①] 而这一革新是以需求为导向的，是适应治理场景和治理所需求的。其中，数字技术作为中介，通过治理全过程的需求牵引，使治理产出与实际需求相匹配，进而激活政府精准履职和服务效能，同时帮助治理主体在更大范围、更深程度上参与治理创新和价值创造的过程，实现技术治理与服务需求的良性互动。

（二）数据治理的"两条路径"要融合进行：技术治理＋管理服务

在数据治理中，实现韧性治理的终极目标，需要从技术和服务两端出发，将技术治理和管理服务作为两条基本路径。这两条路径要融合进行，技术治理支撑管理服务，管理服务反向赋能技术提升，两者相辅相成。政

---

① 陈天祥，徐雅倩，宋锴业，等. 双向激活：基层治理中的数字赋能："越秀越有数"数字政府建设的经验启示［J］. 华南师范大学学报（社会科学版），2021（4）：87-100，206-207.

府在治理实践中，只有以数字化平台协同为基础，将技术治理与管理服务两个层面融合进行、互相驱动，才能实现治理模式的转变，达到数字技术和数据驱动下的协同治理，最终建成兼具技术韧性、目标韧性、环境韧性、制度韧性的韧性治理模式。

技术治理支撑管理服务。数字时代，技术治理对政府的治理模式产生了巨大的影响，一定程度地重塑和再造了政府的治理理念、治理手段和组织结构。政府治理由原来的经验驱动、危机驱动转变为直面数字技术、基于数据分析和技术辅助，由此推动政府组织结构扁平化、柔性化，组织关系的去科层化、协同化。[1] 技术治理能够借助先进的数字技术对外部环境进行实时准确的捕捉，对治理对象、治理过程做到及时全面的态势感知，实现治理过程中的动态调整、快速反应，从而进行有效的管理服务。

与此同时，技术治理推动的组织结构的扁平化和组织关系的协同化也推动政府治理从监督管理向服务协同转型，以行政和政治控制为主的管制型治理模式逐步被技术赋能下的管服并重、刚柔并济和多元主体协同治理的模式所替代，推动政府的管理服务中公共责任、服务精神和"以人为本"的进一步回归，更好地回应社会需求，提高治理效能，为治理体系和治理能力现代化提供技术支撑。

管理服务反向赋能技术提升。一方面，管理服务为技术增效提供保障。在政府管理服务中，面对庞杂的科层组织结构和数字时代日益复杂化的治理场景，管理者需要将治理主体所需要的资源、能力、机制有效下沉，同时转变管理理念，由上对下的控制管理转变为平等性的协同服务，将刚性制度手段变为刚柔并济、管服一体的弹性手段，将治理主体的负面意愿转变为正面意愿，形成良性互促的管理机制，在此过程中，治理主体正面意愿的调动有利于技术在组织内部的接受和扩散，并推动技术在组织结构中的再制度化。

另一方面，管理服务实践为技术革新指明方向。数字时代，政府若仅

---

[1] 韩志明，马敏. 清晰与模糊的张力及其调适：以城市基层治理数字化转型为中心[J]. 学术研究，2022（1）：63-70.

以数字化建设为导向，将数字化系统的不断更新作为数字政府建设的主要手段，则会偏离政府的治理目标和战略导向，无法实现"数据治理"的真实价值。技术革新必须基于国家战略导向和现实问题，有针对性地进行技术的革新与应用，才能使技术革新真正内嵌而不是"悬浮"于治理体系，激发技术革新的切实效能。[①] 在实践中涌现的社会需求，以及服务过程中对"人"本身的充分关注，指引着技术治理革新的方向，使技术革新既有针对性、适应性，又有温度和效能。

技术治理和管理服务不是两条平行线，而应呈现"你中有我，我中有你"的互动关系。在广州以数据赋能河长制的治理实践中，于技术治理运用的过程中发现管理服务存在的痛点，进而优化河长体系、管理体制、监管体制，将基层河长的治理意愿充分调动起来，同时使对河长的刚性监管控制不断弱化，代指以动态化的风险监测预警、差异化巡河任务安排和畅通的沟通反馈渠道，在调动意愿的同时减轻河长工作负担，增强了河长的身份认同感和治理效能感，进而提高了治理成效。

同时，管理服务实践中理念的逐步转变和治理经验的积累也推动着数字化治水体系的不断优化，逐步实现数据驱动的个性化培训、全民参与和数据支撑下的治水业务协同，达成"技术治理支撑管理服务优化，管理服务驱动技术治理升级"的良性循环。在数字时代背景下，政府既要借助数字技术和数据分析赋能治理，也要不断推进政府治理理念和治理结构的转变，持续强化治理的温度和抗风险能力，[②] 只有达成"技术治理＋管理服务"的融合并进，数据治理才能有的放矢、达成实效，进而实现数字时代韧性治理的最终目标。

（三）组织准备、制度保障，是数据治理成败的关键

数字政府是数字中国的重要组成部分，政府在数字化转型过程中成为

[①] 黄新华，陈宝玲. 治理困境、数字赋能与制度供给：基层治理数字化转型的现实逻辑[J]. 理论学刊，2022（1）：144-151.

[②] 郑磊. 数字治理的效度、温度和尺度[J]. 治理研究，2021，37（2）：2，5-16.

数据最大的生产者和拥有者。数据驱动深刻改变着政府的治理理念、治理内容和治理模式，数据治理已然成为推进政府治理模式创新，实现政府决策科学化、公共服务高效化的关键手段。然而，这一变革的前提是做好数据化治理的组织结构与制度保障，如此才能保障数据嵌入治理时充分激发赋能效能[1]，真正建立起一套"用数据说话、用数据决策、用数据管理、用数据创新"的全新运行机制，实现治理体系与治理能力现代化。

数据治理的前提是完善的制度保障。政府在建设数据治理体系时，需要有效保障公民、企业的利益，在合法合规的基础上进一步完善数据治理的关键环节与要素管理体系，构建从数据采集、存储、管理、分析再到应用与数据安全的治理闭环，在提升数据规范性与数据质量的同时释放数据要素价值。[2]此外，数据要素价值的发挥需要有组织架构的支撑，建立"管运分离、整体协同、集约共享"的政府运行体制，优化政府内部管理结构、打破既有体系壁垒，以强大的组织容纳力使数据治理得以发挥实效。

广州治水实践紧跟中央文件指导，前期通过创新河长体系、颁布10道总河长令、建立河长履职指标体系等举措，满足数据赋能河长制快速落地的基本诉求。数据治理能否落地、能否真正发挥实效，最根本还是在于数据与治理是否互相适应。当政府决定迈入数据治理阶段，必然需要先完成自我变革，将数字化转型目标与公共部门改革相结合，构建适配数据和技术运行的组织架构与制度体系。

---

[1] 谭必勇，刘芮. 数字政府建设的理论逻辑与结构要素：基于上海市"一网通办"的实践与探索[J]. 电子政务，2020（8）：60-70.

[2] 吴克昌，闫心瑶. 数字治理驱动与公共服务供给模式变革：基于广东省的实践[J]. 电子政务，2020（1）：76-83.

结 语

数据时代的治理之道

随着互联网技术和数字技术的不断发展,人类的生产和生活经历了翻天覆地的重大变革。从传统互联网到移动互联网的更新换代,再到如今大数据、人工智能技术的广泛应用,人类正走在迈向数据时代的道路上,数字文明时代正在到来。数据要素也逐渐成为新时代中的核心生产要素与治理要素,引导着治理模式向更加高效、更具韧性的方向迈进。

在市场领域,数字经济作为发展最快、创新最活跃、辐射最广的经济活动,成为当下全球经济复苏的重要支撑点和经济增长的重要驱动力;在社会领域,数字社会建设贯穿"以人民为中心"的理念,切实推动政府、公民、社会组织、企事业单位等多元社会主体的共建共治共享[1],构筑数字技术赋能下的社会治理现代化;在政府领域,数字政府成为推进服务型政府建设、政务服务一体化建设的重要抓手,对于推动提升政府行政管理效能、提高政府政务服务水平、实现政府治理能力与治理水平现代化具有重要的作用。

治理的数字化转型是数据时代的发展要求,目前,国家治理的数字化转型经历了三个阶段:一是信息转化阶段,这个阶段侧重通过数字网络实现业务数据信息交换与共享,属于部门业务信息数据化过程;二是业务数字升级阶段,侧重借助数字技术改善业务流程;三是数字治理阶段,当数

---

[1] 邹东升. 科技支撑赋能新时代社会治理[J]. 国家治理,2019(41):23-27.

字化发展到一定程度时，组织的数字化重心会转向侧重技术推动的治理范式变革。

在数据治理阶段，许多城市都做出了尝试性探索及创新性改革，如上海、深圳、杭州等城市在公共交通、环境保护、公共安全等领域的数据治理经验表明：信息技术成为政府治理可以依赖的有效工具之一，技术治理已然成为公共治理的全球现象。在这一发展过程中，数据要素的经济价值与社会意义也愈加凸显，在反映问题、优化决策与治理和重塑组织结构方面发挥了重要的作用，通过数据治理赋能治理实践。一方面，海量数据要素的不断沉淀可以精准、动态地反映社情民意和基层治理困境[1]，成为实现数据治理的资源底座；另一方面，数据要素与技术工具的结合能够帮助政府识别治理问题与预测社会风险，提升决策水平，改善数据治理的效率与质量[2]。此外，数据要素还可以促进政府内部工作流程与组织结构的优化，培育政府数字能力。[3]但数据治理在认知、体系、路径、保障等方面依然面临着不少问题与挑战，如对数据治理的片面认知与误解、重技术而轻治理、缺乏数据治理需要的组织环境和管理体系、技术先行而管理滞后、组织保障不充分，等等。

自1996年起，广州市便采用多种方式推进治水。虽然在传统治水方法下也取得了一定成效，但成果较为反复，以黑臭水体为代表的水环境问题和以城市看海为代表的城市内涝问题依然较为严重，复杂的水体状况和多样的河涌类型也为水域治理增加了难度。且随着城市化进展速度快，农业经济向工业经济转变，城市快速发展与水环境之间存在尖锐矛盾，局势越发严峻。

为解决"黑臭水体、城市看海"这两个关键问题，广州市以河长制建

---

[1] 严宇，孟天广. 数据要素的类型学、产权归属及其治理逻辑［J］. 西安交通大学学报（社会科学版），2022，42（2）：103-111.

[2] 孟天广，黄种滨，张小劲. 政务热线驱动的超大城市社会治理创新：以北京市"接诉即办"改革为例［J］. 公共管理学报，2021，18（2）：1-12，164.

[3] 孟天广. 政府数字化转型的要素、机制与路径：兼论"技术赋能"与"技术赋权"的双向驱动［J］. 治理研究，2021，37（1）：2，5-14.

设为抓手[①]，以数据赋能为驱动力，实现了"源头治理、系统治理、综合治理"的三个治理，推动河长制发展"有名""有实""有能""有效"，广州市以数据赋能促进差异化个性化履职，基于全量采集数据，预警风险，落实差异化巡河；搭建掌上治水数字化平台，以层层收紧的责任"金字塔"强化监管；推动基层服务协同，为基层工作者开设河长的名师辅导班优化服务；通过数据支撑落实管服一体，推动内外循环的韧性治理；基于用户画像搭建内外协同平台，动员民间力量，打造共建共治共享的治水新格局推动各界力量参与。

毫无疑问，广州市的治水实践将各类相关数据进行系统化的收集与管理，根据业务过程中的具体治理需求，使用匹配的算法模型对已有数据进行分析，从而为政府决策与基层工作人员履职提供了数据与技术层面的科学支撑，回应了国家治理体系与治理能力现代化的时代要求，为全国河长制的建设提供了经验证据，取得了长期持续高效的成果。

以广州为代表的数字化转型和智慧水务正在广泛重塑各地的治水实践，北京水务信息化建设工作释放数据价值，实现了由"传统水务"向"智慧水务"的重大跨越[②]；温州市水利局实施数据治理七步法，构建了一套让数据"流动"起来的机制和框架[③]；兰州市在疏勒河流域构建以数字孪生流域为核心的智慧水利体系，在防洪预警、供水调度、污染防治等方面发挥积极作用[④]。

但从广州治水的实践中，我们也可以看到，数据技术依然存在多方面的局限性。从技术角度看，未来的发展需要打破"技术迷思"，明晰技

---

① 吴志刚，崔雪峰，周亮. 我国数字政府建设现状及发展趋势探析［J］. 现代工业经济和信息化，2020，10（7）：6-9.

② 北京市水务局. 2023年北京市水务工作报告［EB/OL］.［2024-02-05］. https://swj.beijing.gov.cn/zwgk/ghjhzj/202301/t20230113_2899603.html.

③ 搜狐网. 温州水利：数据治理七步法，让水利数据"奔流不息"［EB/OL］.［2024-02-05］. https://www.sohu.com/a/611467531_121106832.

④ 甘肃省水利厅. 疏勒河数字孪生流域建设：治水用水护水有了"智慧大脑"［EB/OL］.［2024-02-05］. http://slt.gansu.gov.cn/slt/c106687/c115976/202307/169908323.shtml.

术应用的场景、需求、方向、路径等，做到"相信技术，但不迷信技术"，在数据与算法处理上，需要通过夯实数据底座提升数据处理，通过构筑算法模型来提升数据算法和算力；从治理角度看，应将对数据和数据价值的重视贯彻业务全流程，利用完善的治理体系支撑数据技术的应用，在数据赋能前实现制度赋权；从路径角度看，需要融合进行数据治理的"两个闭环"，需求端引导技术开发与应用，做好组织准备与制度保障。

数据时代的治理，应当是现代信息技术、数据要素资源与治理理论相融合的新型治理模式。当前，随着物联网、人工智能等数字技术的快速发展以及公民的社会参与意识和参与能力的提高，融合数字化技术与公民参与的数据治理模式将成为未来的必然趋势。[①] 我们也相信，未来的治理，必然是数据赋能、数据驱动的治理，必将引领人类进入美好新纪元。

---

① 黄建伟，陈玲玲. 国内数字治理研究进展与未来展望［J］. 理论与改革，2019（1）：86–95.

后 记

为更好地理解广州治水的数"治"实践，总结归纳广州治水的数字化转型路径，回应国家治理体系与治理能力现代化建设的时代要求，广州市河涌监测中心和中山大学数字治理研究中心共同组织编写了《数据要素×城市治理——解码广州治水的数"治"实践》一书。

周新民、郑跃平主持了本书的编写和统稿工作。第一章由邓雅媚、甘樟桂、孔楚利、赖玺滟、李媛媛、罗方瑜、谢紫香编写，第二章由刘佳怡、谢紫香、余敬航编写，第三章由曹梦冰、邓雅媚、邓羽茜、郭润语、罗港、林远勤、赖玺滟、李佳威、李楚昭、倪溪阳、吴佳宜、谢仲寒、徐珊铭编写，第四章由曹梦冰、曹雅婷、刘佳怡、倪溪阳编写，第五章由曹梦冰、曹贤齐、杜冬阳、邓雅媚、邓羽茜、郭润语、李景波、麦桦、李楚昭、赖玺滟、欧阳群文、徐剑桥、张文婷编写，第六章由范勇、张曲可编写，第七章由赖玺滟、刘佳怡编写。在编写过程中，得到了国家行政学院出版社的大力支持。本书吸纳借鉴了学界已有研究成果，一并致谢。

编撰成员们以高度的责任感、使命感和专业性开展此项工作，但受条件所限，书中难免有错漏和不足之处，恳请读者们批评指正。

编者
2024年10月